KB268922

동 해
서 해
고성 송지호 화진포
속초
안제 물닭이계곡
양양 하조대
춘천
가평 조무락골
강릉
평창 대관령
동해고속도로
동해
평창 오대천
삼척
삼척 소한샘골
삼척 부남해변
울릉도 북면해안
울릉도
점선 민동산
장화도
서울
인천
용인 한택식물원
옹진 승봉도
원주
제천
태백
제천 충주호
봉화 닭실마을
읍진 광천계곡
충주
양
영주
안성 배밭
서산 해
천안
문경 엣길
청주
안동
안동 하회마을
청송 주황식
보령 장은포구
보령
논산간고속도로
대전
상주
영덕 옥계계곡
군산 금강하구
익산
김천
대구~포항간고속도로
무주 덕유산
군산
포항
중부고속도로
영동고속도로
중부내륙고속도로

중부내륙고속도로
속 장성 백양사
함양 일림
남원
창녕 관룡사
중부고속도로
고창 학원농장
구례 산수유마을
해 고 속 도 로
경광 백수해안도로
도 로
진주남
부산 해운대~대변항
구례 사성암
하동 화개골
마산
창원
함평 용천사
광양 섬진마을
광주
부산
순천 선암사
순천
영
거제
순천만 갈대밭길
남해 망운산
거제 지심도
여수
남해도
통영 산양일주도로
목포
통영 육지도
진도
완도
해남 땅끝
진도 관매도
완도 보길도
남 해
여수 거문도
제주
제주 복수초
제주도
한라산 선작지왓
서귀포 돈내코계곡
남제주 대정들녘
서귀포

1년 52주 고민 없이 떠나는

똑똑한 여행책

똑똑한 여행책

1년 52주 고민 없이 떠나는

양영훈 글·사진

열번째 행성

당신의 행복한 여행을 위하여

프리랜서 여행작가의 길에 들어선 지도 어느덧 13년째. 이제 나에게 여행은 직업을 넘어 일상이자 습관이 되었다. 그러니 여행이라는 게 어쩌다 한번 큰맘 먹어야 떠날 수 있는 것이 아니다. 먹고 자고 입는 일처럼 지극히 자연스런 생활의 일부분이다. 그래도 여행을 떠나기 전에는 여전히 가슴 설레며, 여행하는 동안에 아름다운 풍경이나 멋진 사람을 만나면 감동하게 마련이다. 아니 해가 갈수록, 경험이 많아질수록 여행의 설렘과 감동은 더 커지는 듯하다.

이미 여러 번 보거나 만나서 익숙해진 풍경들도 다시 보면 늘 새롭게 다가온다. 익숙해진 풍경에서도 새로운 면모가 발견된다. 계절이나 하루 중의 시간대가 달라서 새로워 보이는 것도 있고, 바라보는 내 마음이나 안목이 변해서 신선해 보이는 것도 있다. 더욱이 우리나라는 사계절의 변화가 매우 뚜렷해서 하나의 여행지도 최소한 네 가지의 색깔을 보여준다. 하지만 네 가지, 또는 그 이상의 표정과 색깔 중에서도 가장 빛나는 때는 분명 있다. 1년 52주 가운데 '가장 빛나는 때'를 딱 꼬집어서 이야기해 주자는 것이 이 책의 기획 의도이다.

주5일 근무제의 확대 실시 이후로 여행을 떠날 수 있는 시간과 기회가 부쩍 늘었다. 하지만 막상 여행을 떠나고 싶어도 어디로 갈지를 몰라서 쉽게 길을 나서지 못한다는 사람들이 적지 않다. 실제로 여행작가인 나에게 "이번 주말에는 어디 가면 좋을까"라는 지인들의 전화 문의는 때때로 성가시다 싶을 만큼 잦은 편이다. 바로 그런 사람들에게 실질적인 도움을 주기 위해 이 책에서는 1년 열두 달을 52주로 나누고, 각 주마다 가장 적합한 여행지 한 곳을 소개한다.

이 책에 실린 52개의 여행지가 모두 대한민국의 대표 여행지인 것만은 아니다. 내 개인적인 경험과 느낌을 바탕으로 선정된 여행지이다. 하지만 내 여행의 동반자였던 가족이나 친구, 또는 동료 여행작가들도 모두 만족스러워했던 곳을 망라했다. 이들 여행지 중에는 잘 알려져 있지 않아서 한가롭고 오붓하게 여행할 수 있는 곳이 적지 않다. 반면에 제철마다 수많은 사람들이 몰려드는 유명 여행지도 있다. 많은 사람들이 몰리는 곳이든 한적한 곳이든, 나름대로의 매력 포인트는 한둘쯤 있게 마련이다. 어떤 여행지를 선택해서 그곳의 매력 포인트를 찾고 즐기는 것은 순전히 여행하는 사람의 몫이다.

이 책에서는 추천 여행지에 대한 감상과 특징뿐만 아니라, 사전 준비와 현지 여행에 필요한 문의전화, 숙박, 맛집, 가는 길 등의 기본정보를 꼼꼼히 챙겨놓았다. 이 정보들을 제대로 활용하는 것만으로도 행복한 여행을 위한 여러 조건들은 자연스레 충족될 것이라 믿는다. 이 책이 당신의 즐거운 여행, 행복한 삶에 아주 작은 보탬이라도 된다면 더 바랄 것이 없겠다.

2005년 세모(歲暮)에
양 영 훈

차례

봄

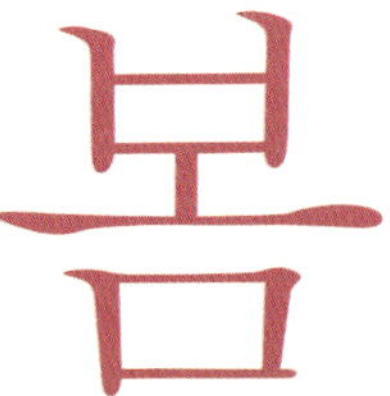

용인 한택식물원의 4월 풍경

보기도 좋고 걷기도 좋은 동백섬

거제 지심도

지심도 동백숲의 땅바닥에
나뒹구는 동백꽃.
선명한 자태가 섬뜩하리 만치
아리땁고도 요염하다.

지심도는 멀리서 보면
마치 **망망대해**에 떠 있는
가랑잎 같다. 그러나 가까이
다가가면 거대한 숲 하나가
통째로 바다에 떠 있는 듯하다.
어디나 흔한 숲이 아니라
원시적인 야성미와
순결함이 오롯이
느껴지는 천연림이다.

동백꽃은 겨울 꽃이다. 그러면서도 이른 봄에서야 절정의 꽃 빛깔을 보여준다. 진초록의 윤기 나는 잎새 사이로 선홍빛 꽃잎이 샛노란 꽃심을 감싼 동백꽃은 볼수록 염려하다. 마치 가지런히 쪽진 머리에 연지곤지 곱게 바른 여염집 새색시를 보는 듯하다. 그래서 옛 사람들은 동백꽃을 '여심화女心花'라 불렀다.

난대성 상록수인 동백나무는 한겨울에도 따뜻한 남해안 지방과 제주도에서 잘 자란다. 그곳에서는 어느 마을이나 바닷가에 가더라도 몇 그루쯤의 동백나무 없는 데가 드물다. 유난히 동백나무가 많은 몇몇 작은 섬들은, 원래의 제 이름보다도 아예 '동백섬'이라 불리기 일쑤다. 하지만 거제도의 장승포항 앞바다에 떠 있는 지심도只心島만큼 아름답고 운치 있는 동백섬은 달리 찾아보기 어렵다.

지심도는 너비 약 500m에 길이가 1.5km쯤 되는 낙도이다. 인근의 장승포항과의 거리는 약 5km에 불과한데도, 어디서나 흔한 자동차와 찻길조차 없는 섬이다. 병원도 없고, 유일한 교육기관이었던 분교도 폐교된 지 오래다. 주민들도 언젠가부터 하나둘씩 뭍으로 떠나더니, 이제 이 섬에 남은 사람은 10여 가구에 열댓 명밖에 되지 않는다. 섬 풍경도 거의 변화가 없다. 10년 전이나 5년 전, 그리고 지금의 풍경이 크게 다르지 않다. 굳이 찾는다면 민박집이 좀더 깔끔해지고 겉모습이 밝아졌다는 것뿐이다.

지심도는 멀리서 보면 마치 망망대해에 떠 있는 가랑잎 같다. 그러나 가까이 다가가면 거대한 숲 하나가 통째로 바다에 떠 있는 듯하다. 어디나 흔한 숲이 아니라 원시적인 야성미와 순결함이 오롯이 느껴지는 천연림이다. 자생하는 식물만 해도 후박나무, 소나무, 동백나무, 풍란, 팔손이나무 등 모두 37종에 이른다고 한다. 그 가운데서도 동백나무가 전체 면적의 60~70퍼센트를 차지하고 있다. 더군다나 이곳 동백숲은 밑동의 굵기가 팔뚝만 한 것부터 한

◀ 선착장에서 마을로 들어가는 길에 지나는 상록수림. 아름드리 나무들이 울창해서 숲 터널을 이룬다.
▶ 울창한 상록수림에 둘러싸인 지심도의 농가

아름이 넘는 것까지 나무들마다 크기가 매우 다양하다.

지심도의 동백꽃은 12월 초부터 피기 시작해서 봄기운이 무르익는 4월 하순경이면 대부분 꽃잎을 감춘다. 대략 다섯 달쯤 이어지는 개화기의 어느 때라도 아리따운 동백꽃을 감상할 수 있지만, 나뭇가지마다 무리 지어 핀 꽃은 바로 이맘때쯤의 3월에나 볼 수 있다.

지심도의 해안은 대부분 바위벼랑으로 둘러싸여 있다. 그런데도 이곳처럼 아름답고 걷기 편한 길이 거미줄처럼 뻗어 있는 섬은 흔치 않다. 온 가족이 함께 걷기도 좋고 연인끼리 다정하게 손을 잡고 산보하기에도 좋은 오솔길이 끝없이 이어진다. 발바닥의 감촉이 아주 부드러운 이 오솔길을 따라 2~3시간만 걸으면 섬 구석구석을 둘러볼 수 있다.

쪽빛 바다가 내려다보이는 작은 초원도 만나고, 붉은 꽃송이가 수북하게 깔린 동백꽃 터널도 지난다. 아이들의 웃음이 끊긴 학교와 바닷가 언덕의 외딴 농가조차도 흐드러지게 핀 동백꽃에 둘러싸여 있어 동화 속의 집처럼 아름답다. 끊임없이 들려오는 동박새와 직박구리의 노랫소리도 흥겹다. 이렇듯 정감 어린 지심도 동백 숲길을 자분자분 걷다보면, 겨우내 움츠렸던 몸과 마음이 날아갈 듯이 가뿐해진다.

숙박

지심도에는 동백하우스(011-859-7576, www.jisim-doro.com), 한목민박(681-6901), 해돋이민박(681-7180) 등의 민박집만 있다. 그중 동백하우스는 두어 해 전에 깔끔하게 단장된 펜션형 민박집이다. 지심도 여객선이 출항하는 장승포에는 한려비치호텔(682-5161), 라이트하우스호텔(681-6363), 스카이모텔(682-4040) 등의 숙박업소가 많다.

펜션형 민박집인 동백하우스

맛집

지심도의 민박집에서는 대부분 미리 주문할 경우에 식사도 차려주며, 해돋이민박(681-7180)에서는 숙박 여부에 관계없이 언제든지 식사가 가능하다. 장승포항의 유람선터미널 앞에 위치한 항만식당(682-3416, 4369)은 거제 앞바다의 싱싱한 해물을 듬뿍 넣어 끓인 해물뚝배기와 해물김치찌개가 시원하고 맛깔스런 집이다. 값도 비교적 저렴한 편이어서 지심도 오가는 길에 한번 들러봄 직하다.

가는 길

승용차 중부고속도로(대전통영고속도로) 충무IC(14번 국도) ▶▶ 거제대교 ▶▶ 장승포항

장승포항 ↔ 지심도 장승포항(681-6007)에서 지심도행 여객선이 하루 5회(08 : 00, 10 : 30, 12 : 30, 14 : 30, 16 : 30) 운항하지만, 비수기(10월 16일~이듬해 2월 말일)에 10 : 30, 14 : 30편은 운항하지 않는다. 손님이 많을 경우에는 수시로 출항하기도 한다. 지심도에 도착하자마자 다시 장승포항으로 회항하며, 편도 운항시간은 15~20분쯤 소요된다.

장승포항과 지심도 사이를 오가는 여객선

만개한 매화에 에워싸인 광양시 다압면 섬진마을.
시리도록 푸른 섬진강과 듬직한 지리산 자락이 한눈에 들어온다.

나른한 봄꿈에 젖은 매화마을

광양 섬진마을

매화는 시각보다 후각을 먼저 매혹시킨다. 몇 송이만 피어도
칠흑 같은 어둠 속에서 자신의 존재를 알릴 만큼 진한 향기를 발산한다.
그래서 매화꽃에 에워싸인 섬진마을의 이곳저곳을 찬찬히
걷노라면, 머릿속까지 스며드는 매향에 정신마저 혼몽해질 지경이다.

아무리 춘삼월이라도 꽃이 없으면 봄을 실감하기
가 어렵다. 옷섶을 파고드는 꽃샘바람은 여전히 섬뜩한 한기를 뿜어내고, 때
로는 철 늦은 폭설이 온 천지를 은세계로 만들기도 한다. 하지만 남녘의 섬
진강은 이미 2월 하순쯤부터 나른한 봄꿈에 젖어든다. 봄볕 따사로운 강변의
언덕과 산비탈마다 매화가 앞 다투어 꽃망울을 터뜨리기 때문이다.

섬진강변에 자리한 광양시 다압면 섬진마을은 '매화마을'로 유명하다. 전
체 70여 가구의 농가 중 60여 가구가 매화 농사를 짓는다. 수십 년 동안 주민
들이 땀과 눈물로 개간한 산비탈에는 수만 그루의 매화나무가 심어져 있다.
매화가 절정에 이르는 3월 중순경의 이 마을 풍경은 함박눈 내린 겨울날처럼
새하얗다. 산비탈과 골짜기, 논두렁과 밭둑, 개울가와 강변에도 제철을 맞은
매화가 한꺼번에 꽃망울을 터뜨린 탓이다.

매화는 시각보다 후각을 먼저 매혹시킨다. 몇 송이만 피어도 칠흑 같은 어
둠 속에서 자신의 존재를 알릴 만큼 진한 향기를 발산한다. 그래서 매화꽃에
에워싸인 섬진마을의 이곳저곳을 찬찬히 걷노라면, 머릿속까지 스며드는 매
향에 정신마저 혼몽해질 지경이다. 이쯤 되면 '섬진강 시인' 김용택의 「이
꽃잎들」이라는 시가 불현듯 뇌리를 스친다.

"천지간에 꽃입니다 / 눈 가고 마음 가고 / 발길 닿는 곳마다 꽃입니다 / 생
각지도 않은 곳에서 / 지금 꽃이 피고, 못 견디겠어요 / 눈을 감습니다 / 아, 눈
감은 데까지 따라오며 / 꽃은 핍니다 /……."

간간이 불어오는 강바람에 함박눈처럼 우수수 떨어지는 매화 꽃잎은 가지
마다 빼곡히 피어난 꽃송이보다도 황홀하다. 한줄기의 봄바람에도 그윽한 향
기와 함께 흩날리는 꽃잎은 이른 봄의 서설 못지않게 상서롭고 운치 그윽하
다. 섬진마을의 매화밭은 사람 손으로 심고 가꾸어진 것이다. 그런데도 언뜻
봐서는 사람의 손길을 전혀 타지 않은 듯하다. 비탈진 산자락에 서 있든, 또

◀ 청매실농원의 비탈진 산자락에서 백설 같은 꽃부리를 활짝 펼친 매화나무
▶ 섬진마을의 한 매화밭에서 찾은 '청악소판'. 개화가 빠르고 향기가 짙어서 매화 중의 매화로 꼽힌다.

는 커다란 바위틈과 개울가에 서 있든 간에, 애초부터 그 자리에 싹을 틔우고 자라서 꽃을 피운 듯이 자연스럽다.

섬진마을의 광활한 매화밭 가운데 가장 아름답고 운치 좋은 곳은 청매실농원이다. 이 마을에서 매화나무를 처음 심었던 고 김오천 씨의 며느리 홍쌍리 씨가 대를 이어 매화 농사를 짓고 있는 곳이다. 푸른 섬진강과 듬직한 지리산이 한눈에 들어오는 곳에 자리잡은 농원의 산비탈은 온통 매화밭이다. 꽃향기 그윽한 매화나무 아래에서 섬진강과 지리산을 바라보고 있노라면, "내가 있는 여기가 바로 무릉도원"이라는 생각이 든다.

매화가 일장춘몽처럼 스러지면 붓꽃, 초롱꽃, 구절초 등의 야생화가 철철이 피고 진다. 이처럼 서정미 넘치는 청매실농원은 〈다모〉, 〈취화선〉, 〈흑수선〉, 〈북경반점〉 등 각종 TV 드라마와 영화 촬영지로도 자주 등장한다. 또한 이곳 매화밭에는 거장 임권택 감독의 100번째 영화인 〈천년학〉의 전통가옥 세트장이 정교하게 지어져 있다.

숙박

섬진마을에는 민박집 이외의 숙박시설이 없다. 호텔이나 모텔을 이용하려면 강 건너 하동으로 나가야 한다. 섬진강을 끼고 달리는 하동 땅의 19번 국도변에는 미리내호텔(884-7292, www.mirinaehotel.co.kr), 섬진강펜션(884-8052), 알프스모텔(884-6427), 에덴궁전모텔(884-6777) 등이 있다. 그중 미리내호텔은 객실에서도 섬진강이 시야에 들어올 뿐만 아니라 시설도 깔끔한 편이다. 1층에 직영 레스토랑이 있다.

맛집

청매실농원(061-772-4066, www.maesil.co.kr)에서는 전통식품 명인인 홍쌍리 씨가 오랫동안 연구, 개발한 농축액, 원액, 된장, 고추장, 장아찌, 매실청, 절임, 젤리, 초콜릿 등의 각종 매실 식품을 직접 시식하거나 구입할 수 있다. 모든 식품이 친환경농법으로 재배된 매실을 원료로 쓰고 가급적 사람의 손으로 만드는 데다, 농원 앞마당에 빼곡한 2500여 개의 전통옹기에서 숙성시키기 때문에 건강식품으로도 인기 있다. 하동 읍내의 여여식당(884-0080)과 동흥식당(884-2257)은 섬진강의 별미인 재첩요리 전문점이다. 그리고 광양시 다압면 금천리의 제일가든(061-772-4427)은 주인이 직접 잡은 참게와 민물고기로 끓인 매운탕이 일품이다.

숙성된 매실절임을 맛보는 '매실박사' 홍쌍리 씨. 청매실농원의 앞마당에는 2500여 개의 커다란 장독들이 늘어서 있다.

축제

광양매화축제 매화가 만개하는 3월 중순에 섬진마을의 섬진강 둔치와 청매실농원 일대에서 열린다. 볼거리가 많긴 하지만, 섬진마을의 서정적인 봄 풍경과 그윽한 매향을 즐기려면 많은 인파가 몰리는 축제 기간은 피하는 게 좋다. ■ 문의 · 청매실농원(061-772-4066)

가는 길

남해고속도로(순천 방면) ▶▶ 하동IC(19번 국도) ▶▶ 하동읍 ▶▶ 섬진교(861번 지방도) ▶▶ 섬진마을

샛노란 산수유꽃에 파묻힌
산동면 계천리 현천마을의
3월 하순 풍경

터널을 나서자마자 맨 먼저
눈에 들어오는 것도
노란 산수유꽃이다.
길가와 집 주변은 말할 것도
없고 산기슭과 골짜기,
논둑과 밭두렁 등
눈길 닿는 곳마다
온통 샛노란 꽃구름이
내려앉은 듯하다.

지리산 골짜기의 황금빛 꽃세상

구례 산수유마을

3월의 섬진강변은 봄꽃들의 경연장이다. 매화가 절정에 이르는 3월 중순부터는 산수유꽃이 앞 다투어 피기 시작하고, 산수유꽃이 시들해지는 3월 말에서 4월 초순 사이에는 벚꽃이 뒤를 잇는다. 벚꽃이 모두 자취를 감추고 나면 다시 배꽃이 만발한다. 물론 여러 꽃의 개화기가 명료하게 정해져 있는 것은 아니다. 날씨 변화에 따라 매화와 산수유꽃의 절정기가 불과 3~4일밖에 차이 나지 않는 경우도 있다. 어느 해 봄에는 광양의 매화, 구례의 산수유, 하동 화개의 벚꽃을 한꺼번에 구경한 적도 있었다.

예나 제나 이른봄에 사람들을 가장 현혹시키는 꽃은 매화이다. 홀로 있어도 정갈한 꽃잎과 고결한 향기로 사람들의 마음을 사로잡는다. 반면 산수유꽃은 향기도 진하지 않은 데다 낱낱의 꽃 빛깔 또한 별다른 매력이 없다. 하지만 3월 중하순 무렵에 샛노란 산수유꽃이 나뭇가지마다 다닥다닥 붙어 있는 광경은 사람들의 눈을 번쩍 뜨게 할 만큼 매력적이다. 특히 수십 수백 그루의 산수유 고목이 군락을 이루는 곳에서는 일제히 만개한 산수유꽃이 꽃멀미조차 불러일으킨다.

춘향골 남원에서 19번 국도를 타고 밤재터널을 지나면, 산수유꽃이 꽃 멀미를 일으키는 구례 산동 땅이다. 터널을 나서자마자 맨 먼저 눈에 들어오는 것도 노란 산수유꽃이다. 길가와 집 주변은 말할 것도 없고 산기슭과 골짜기, 논둑과 밭두렁 등 눈길 닿는 곳마다 온통 꽃구름이 내려앉은 듯하다. 지리산의 산머리에는 겨우내 쌓인 눈이 아직도 희끗희끗한데, 그 산자락에 등을 기댄 마을들은 황금빛으로 눈부신 꽃세상을 이룬다.

전남 구례 지방은 예로부터 '산수유의 고장'으로 널리 알려져 왔다. 오늘날에도 국내 산수유(열매) 생산량의 60퍼센트를 차지한다. 또 구례군 생산량의 85퍼센트는 산동면에서 생산된다고 한다. 면적 $100km^2$ 정도의 작은 면에서 생산되는 산수유의 양이 우리나라 전체 생산량의 절반가량이나 되는 셈이다.

◀ 온통 산수유꽃으로 뒤덮인 구례군 산동면 상위마을
▶ 꽃과 열매가 한 가지에 달려 있는 산수유나무

　산수유가 구례 산동면의 특산물로 자리잡기 시작한 것은 200여 년 전부터였다고 한다. 지리산의 험준한 산자락에 에워싸여 농사짓기가 만만치 않던 이곳의 주민들이 산수유나무를 생계 수단으로 삼은 것이다. 다행히도 산수유나무는 해발 200~500m대의 분지나 산비탈의 물매가 싸고 일교차가 심한 곳에서 더 잘 자란다. 게다가 땅에 물기가 많고 볕이 잘 들며 바람막이가 잘 되는 곳이라면 산수유 재배의 적지이다.

　이러한 자연조건을 두루 갖춘 산동면의 현천리, 대평리, 위안리 등의 마을에는 지금도 산수유 고목이 빼곡하게 들어차 있다. 그중 지리산 만복대(1433m)의 서남쪽 기슭에 자리잡은 위안리 상위마을은 우리나라 최대의 산수유마을로 꼽힌다. 마을 전체가 산수유나무에 파묻혀 있다 해도 과언이 아니다. 눈에 띄는 건 몇 백년씩 묵은 산수유나무들뿐이고, 여느 시골에 흔한 감나무나 대추나무 따위는 오히려 찾아보기가 어렵다. 게다가 마을 뒤편에는 눈 덮인 지리산 연봉이 병풍처럼 둘러져 있고, 마을 오른편에는 작은 골짜기가 흘려내려 자연경관이 매우 아름답다. 또한 이곳은 고로쇠 약수가 많이 나는 마을로도 유명하다. 산수유꽃을 구경하러 간 김에 이 마을 민박집에서 하룻밤쯤 묵으며 달빛 젖은 꽃세상도 구경하고, 속병에 효험이 있다는 고로쇠 약수를 맛보는 것도 여행의 색다른 즐거움이다.

숙박

지리산온천관광지에는 지리산온천관광호텔(783-2900), 지리산가족호텔(783-0946), 송원리조트(780-8000), 상아파크(783-7770), 제일온천장(783-1001), 화야평모텔(783-7800), 영빈각(783-2888) 등의 숙박업소가 즐비하다. 그리고 위안리에는 지리산심마니펜션(783-5179), 주택공원민박(783-1178), 언덕 위의 하얀민박(783-1330) 등의 민박집이 있다.

맛집

지리산온천랜드 정문 앞에 위치한 지리산2대순두부집(783-0481)이 권할 만하다. 고향 남원에서부터 2대에 걸쳐 두부를 만들어왔다는 주인의 손맛이 남다른데, 국산 콩으로 직접 만든다는 모부두와 순두부의 부드럽고도 고소한 맛이 일품이다. 그 밖에도 지리산 온천관광지에는 덕인관(떡갈비, 781-7881), 송림민속가든(산채정식, 783-3555), 백제회관(멧돼지구이, 783-2867), 그랜드회관(추어숙회, 783-1017), 전주식당(대통밥, 783-3908), 사또식당(전라도식 백반, 783-8883) 등의 음식점이 많다.

지리산2대순두부집의 두부전골과 모두부

축제

산수유꽃축제 구례군 산동면 관산리의 지리산온천관광지 일원에서 3월 하순에 열린다. 주요 행사로는 산수유차와 산수유술 무료 시음, 산수유떡 만들기, 외줄타기 공연 등이 있다.

■ 문의 · 구례군청 문화관광과(780-2224, www.gurye.net)

가는 길

■ 중부고속도로(대전통영고속도로) 장수IC(19번 국도) ▶▶ 남원 고죽교차로(우회도로) ▶▶ 밤재터널 ▶▶ 산동면 소재지 ▶▶ 지리산온천관광지

■ 남해고속도로 하동IC(19번 국도) ▶▶ 화개 ▶▶ 지리산온천IC ▶▶ 지리산온천관광지

절물자연휴양림 부근의 숲에서 무리 지어 꽃을 피운 복수초

03

먼발치서 바라만 봐도 기분 좋은 봄꽃

제주 복수초

제주도의 복수초는 대략 2월 초순경부터 피기 시작해서
3월 중순경에 절정의 꽃 빛깔을 보여준다.
육지의 깊은 산중에 자생하는 것보다 훨씬 더 꽃잎이 크고
꽃 빛깔이 선명하며 잎 또한 무성하다.

제주도의 봄은 소리 소문도 없이 찾아왔다가 슬그머니 떠나버린다. 한겨울조차도 날씨가 푸근하다보니 언제쯤 봄이 시작되는지를 어림할 수가 없다. 그저 활짝 핀 수선화, 유채꽃, 복수초 등이 전해오는 꽃소식으로 완연한 봄날이 머지않음을 짐작할 따름이다. 그중 복수초는 제주도의 대표적인 야생화의 하나다. 사람에 따라서는 퍽 생소할지도 모르겠지만, 복수초는 남쪽의 제주도에서 북쪽의 강원도에 이르기까지 광범위하게 분포하는 자생식물이다.

복수초는 수선화와 거의 비슷한 시기에 꽃망울을 터뜨린다. 봄기운이 채 무르익기도 전에 눈과 얼음을 뚫고 핀다고 해서 눈색이꽃, 얼음꽃, 얼음새꽃 등으로도 불린다. 눈을 뚫고 피어난다는 점도 매력적이지만, 진노랑 꽃과 진초록 잎의 조화가 매우 아름답다. 또한 노란 꽃잎의 한복판에는 꽃잎보다 밝고 선명한 노란색의 수술들이 둥그렇게 박혀 있어 오묘하고도 신비로운 느낌을 준다. 그래서인지 바라보고만 있어도 사람의 마음까지 절로 밝아지는데, 꽃말도 '영원한 행복'이다. 또한 복수초福壽草라는 이름처럼 '복과 장수를 기원하는 꽃'이라 하여 일본에서는 새해에 복수초 화분을 선물하기도 한다.

제주도의 복수초는 대략 2월 초순경부터 피기 시작해서 3월 중순경에 절정의 꽃 빛깔을 보여준다. 육지의 깊은 산중에 자생하는 것보다 훨씬 더 꽃잎이 크고 꽃 빛깔이 선명하며 잎 또한 무성하다. 이른 봄의 삭막한 숲 바닥에 한 그루만 피어 있어도 금세 눈에 띌 정도이다. 게다가 수백 수천 그루가 군락을 이뤄 피고 지기 때문에 마치 갓 부화한 수천 마리의 노란 병아리를 일제히 숲에 풀어놓은 듯한 장관을 연출한다.

제주도의 복수초 군락지는 대략 3월 중하순경에 1112번 지방도와 11번 국도가 만나는 비자림로 입구 주변 숲에서 쉽게 찾아볼 수 있다. 다시 비자림로를 따라가다 만나는 명도암 입구 삼거리에서 왼쪽으로 꺾어지면 절물자연휴양림으로 가는 길인데, 이 휴양림 입구의 길가 숲에도 대규모의 복수초 군락지가 형성되어 있다. 복수초는 흐린 날씨나 밤에는 꽃잎을 닫아버리기 때문에 화창한 날의 한낮에 찾아가야 절정의 개화 상태를 볼 수 있다. 그리고 복수초가 한창 흐드러지게 핀 숲속을 찬찬히 살펴보면 노루귀, 변산바람꽃 등의 야생화도 간간이 눈에 띈다. 산골 새색시처럼 수줍게 피어난 야생화의 아름다움에 매료되다 보면 봄날 하루를 덧없이 흘려보내기 일쑤다.

봄꽃 가운데 복수초만큼이나 강렬한 꽃 빛깔을 띠는 것으로 유채꽃을 빼놓을 수 없다. 마침 복수초가 만개할 즈음이면 제주도의 봄을 상징하는 유채꽃도 곳곳에서 화사하게 피어난다. 요즘에는 남제주군 표선면 가시리의 정석항공관 근처의 도로변, 그리고 북제주군 구좌읍의 용눈이오름, 다랑쉬오름 등의 오름이 밀집된 중산간지대에도 유채밭이 조성되어 있다. 봉긋봉긋 솟아오른 오름들과 노란 유채밭이 절묘하게 조화를 이룬 풍광은 이국적인 정취를 물씬 풍긴다.

◀ 유채꽃 잔치가 열리는 정석항공관 부근 도로변에 만개한 유채꽃
▶ 샛노란 꽃과 진초록 잎이 뚜렷이 대조를 이루는 제주 복수초

숙박

복수초 군락지가 있는 절물자연휴양림(721-4075) 내에는 총 12실의 통나무집을 비롯해 야영장, 취사장, 급수대, 전망대, 체력단련장, 쉼터, 연못, 산책로, 약수터 등 각종 편의시설이 조성돼 있다. 수천 그루의 삼나무가 빼곡히 들어찬 초입의 숲길도 인상적이다. 근처에 제주한화리조트(725-9000)와 명도암유스호스텔(721-8233)이 있다. 그리고 비자림로와 남조로가 교

울창한 삼나무숲에 둘러싸인 사랑터울펜션

차하는 교래 사거리 근처에는 사랑터울펜션(782-0102, www.sarangteoul.com)이 있다. 울창한 삼나무숲에 둘러싸인 펜션으로 지중해 양식의 2층 건물에 펜션과 레스토랑을 갖추고 있다. 그 밖에 교래리에는 늘푸른민박(784-4399)을 비롯해 민박집이 많다.

맛 집

교래리에는 교래토종닭집(783-9788), 봉우리가든(783-0668), 그루터기가든(782-5212) 등 토종닭요리 전문점이 몰려 있다. 그중 교래토종닭집이 원조로 알려져 있다. 그리고 산굼부리 매표소 옆의 산굼부리식당(783-3779)은 빙떡이 맛있기로 소문난 집이다. 지나는 길에 잠시 들러서 빙떡만 맛보려면 입장권을 끊지 않아도 된다. 그 밖에 명도암가든(명도암 유스호스텔 근처, 보리밥과 두부전골, 723-5254)도 들러볼 만하다.

축 제

제주유채꽃잔치 매년 4월 초순경에 비자림로 근처의 정석항공관 주변에서 개최된다. 여러 가지 부대행사보다도 행사장 주변의 드넓은 초원과 도로 양옆에 만발한 유채꽃이 볼만하다.
■ 문의 · 북제주군청 관광교통과(740-0544)

가 는 길

제주공항 ▶▶ 제주 시내(11번 국도, 서귀포 방면) ▶▶ 비자림로 입구 삼거리(1112번 지방도) ▶▶ 명도암 입구 삼거리(좌회전) ▶▶ 절물자연휴양림 입구(복수초 군락지)

일명 '동백로' 라 불리는 산양일주도로변에 핀 동백꽃

04

한려수도 바닷가를 따라가는 '꿈길 60리'

통영 산양일주도로

섬을 완벽하게 한 바퀴 돌아오는 **산양일주도로**의 길가 양쪽에는 아리따운 동백꽃이
흐드러지게 피어 있고, 나그네의 상기된 볼에 와 닿는 바닷바람에는 다사롭고 싱그러운
봄기운이 물씬하다. 특히 동백꽃, 개나리, 진달래가 일제히 만발하는 3월 중하순에서
4월 초순 사이의 봄 풍경은 눈부시도록 아름다워서 차마 발길이 떨어지질 않는다.

통영항을 감싼 한려수도는 참으로 곱고 어여쁘다. 은빛 물결이 잔잔하게 일렁이는 바다는 호수처럼 얌전하다. 햇살에 따라 은빛, 쪽빛, 금빛으로 변하는 바다 색깔이 연지곤지 찍은 새색시의 낯빛처럼 곱다. 고운 바다 위에 보석처럼 점점이 박힌 섬들, 고요한 물결을 미끄러지듯이 가르는 고깃배, 밤새도록 외로운 불빛을 깜박거리는 등대도 한려수도의 빼놓을 수 없는 매력이자 낭만이다. 더욱이 바닷가 언덕마다 붉은 동백꽃이 앞 다투어 피어나는 봄날의 한려수도는 꿈결처럼 몽환적인 풍경을 보여준다.

통영항은 우리나라에서 손꼽히는 미항美港이다. 그래서 '한국의 나폴리'라는 수식어가 빠지지 않고 따라붙는다. 충무공 이순신 장군도 통영을 이야기할 때마다 빼놓을 수 없는 역사 인물이다. 오늘날의 '통영'이나 예전의 '충무'라는 지명은 모두 충무공에서 따왔거나 아주 밀접하게 관련되어 있다.

통영은 예항藝港이다. 통영항 남망산공원의 팔각전망대에 올라서면, 아무리 가슴 메마른 사람도 감수성이 저절로 용솟음칠 만큼 서정적인 바다가 눈앞에 펼쳐진다. 그 바다의 빼어난 풍경과 탁월한 서정미가 세계적인 음악가 윤이상, 「깃발」의 시인 유치환과 극작가 유치진 형제, 대하소설 『토지』의 작가 박경리, 시인 김상옥과 김춘수 등을 낳았다.

수많은 예술인을 배출한 통영바다의 진면목을 보려면 미륵도를 둘러봐야 한다. 통영항 남쪽에 복주머니처럼 매달린 미륵도는 봄철 여행지로도 제격이다. 섬을 완벽하게 한 바퀴 돌아오는 산양일주도로(1021번 지방도)의 길가 양쪽에는 아리따운 동백꽃이 흐드러지게 피어 있고, 나그네의 상기된 볼에 와 닿는 바닷바람에는 다사롭고 싱그러운 봄기운이 물씬하다. 특히 동백꽃, 개나리, 진달래가 일제히 만발하는 3월 중하순에서 4월 초순 사이의 봄 풍경은 눈부시도록 아름다워서 차마 발길이 떨어지질 않는다. 약 23km에 이르는 산양일주도로의 하이라이트는 산양읍 원항마을부터 달아공원에 이르는 약

◀ 여항산 정상의 북포루에서 내려다본 통영항의 야경
▶ 미륵도 달아공원에서 바라본 한낮의 바다 풍경

5km 구간이다. 비취빛 바다와 그 위에 아련히 떠 있는 섬들이 시야를 가득 채우고, 길을 굽이굽이 돌 때마다 갯마을과 포구의 아담한 풍경들이 불쑥불쑥 나타난다. 미륵도 남서쪽의 연명포구와 달아포구 사이의 고갯마루에 위치한 달아공원에서는 서럽도록 아름다운 해돋이와 해넘이도 감상할 수 있다.

천혜의 바다전망대인 달아공원에서는, 임진왜란 당시 삼도수군통제영이 자리했고 한산대첩의 역사 현장인 한산도가 손에 잡힐 듯 가깝게 보인다. 지금으로부터 400여 년 전인 1592년 7월 8일(음력), 미륵도와 한산도 사이의 바다는 이순신 장군 휘하의 조선 수군이 나라의 운명을 걸고 왜군과 싸웠던 전쟁터였다. 한산도 해전에서 학익진鶴翼陣을 펼쳐 60여 척의 왜선을 수장시킨 아군은 남해안의 제해권을 다시 장악하게 되었다. 또한 한산도 해전의 패배로 인해 수륙병진전략이 좌절된 도요토미 히데요시는 '해전금지령'를 내리기도 했다.

이미 아득한 역사가 된 그날의 승전보는 지금도 가슴이 뻥 뚫리는 듯 통쾌

하고 후련하다. 백척간두의 나라를 지켜낸 한산도 바다, 그 고요한 수면이
한낮의 햇살 아래 눈부시게 빛난다.

여행 정보 (지역번호 055)

숙박

통영항과 여객선터미널 주변에 통영관광호텔(644-4411), 충무비치호텔(642-8181), 리베라모
텔(642-0050) 등이 있고, 미륵도에는 금호마리나리조트(646-7001), 충무관광호텔(645-2091),
카사비앙카펜션(648-1009), 달아펜션(011-9239-1625) 등이 있다. 통영~거제 간 14번 국도변
의 바닷가 언덕에는 통영펜션(011-9515-6405, www.typension.co.kr), 다향펜션(646-2320) 등
이 자리잡고 있다. 그 가운데서도 용남면의 삼봉산 자락에 위치한 통영펜션은 하얀색의 목
조건물이 멋스럽고 바다 전망도 좋은 집이다.

맛집

옛날부터 미항으로 이름 높은 통영의 대표적인 맛집으로는 향
토집(굴요리 전문점, 645-4808), 이화식당(물메기탕, 645-7253), 항
남뚝배기(해물뚝배기, 643-4988), 도남식당(해물뚝배기, 643-5888),
영동식당(가정식백반, 645-6141), 충무식당(가자미찜, 643-3765),
분소식당(복어국, 644-0495), 십오야숯불장어구이(649-9292), 통
영회식당(도다리쑥국, 643-3500) 등을 꼽을 수 있다. 전국적으로
유명해진 충무김밥과 꿀빵도 통영 아니면 제 맛을 보기 어려운
별식이다. 그리고 유명한 충무김밥 '진짜 원조집'은 뚱보할매
김밥집(645-2619)이고, 통영에서만 맛볼 수 있는 꿀빵은 적십자
병원 뒷골목에 위치한 오미사꿀빵집(645-3230)이 가장 맛있다.

향토집의 굴요리

기본 3만 원짜리 술(소주 3병, 또는 맥주5병)을 시키면 열댓 가지의 해물 안주를 푸짐하게 내
놓는 다찌집은 미수동 해저터널 부근의 울산다찌집(645-1350)을 추천할 만하다.

가는 길

중부고속도로(대전통영고속도로) 통영IC(14번 국도) ▶▶ 통영항 ▶▶ 통영대교 ▶▶ 산양일주도로
(=1021번 지방도)

청풍문화재단지 내의 한 고택 마당에 핀 앵두꽃

04

산과 구름과 옛 이야기를 품은 '내륙의 바다'

제천 충주호

구불거리는 길을 따라 호수의 물빛이 시시각각 달라지고,
아스라한 월악산의 능선도 전혀 다른 형상으로 나타난다. 이따금
들려오는 새소리와 길가에 소담스레 핀 들꽃마저 없었다면, 무한대의
우주 공간에 홀로 떠 있는 듯한 착각을 불러일으키는 길이다.

산고수장山高水長, **수류화개**水流花開. 봄빛 무르익은 4월에 제천 청풍호반을 따라가다보면, 이 두 구절이 내내 머릿속에 맴돈다. 눈앞에 펼쳐지는 풍경이 딱 그대로이기 때문이다. 우뚝한 산자락 아래에는 긴 물줄기가 드리워져 있고, 고요히 흐르는 물길 위로는 봄꽃이 만발한다. 이보다 더 아름답고 눈부신 봄길이 또 어디 있을까 싶을 정도다. 중앙고속도로의 남제천IC에서 82번 지방도를 따라 남쪽으로 내려가면 이내 충주호의 호반길에 접어든다. 길은 반쯤 호수에 잠긴 산허리를 따라 끊임없이 구불거린다. 길 굽이를 돌아설 적마다 새롭게 변신하는 호수 풍광이 사람들의 눈길과 마음을 단번에 사로잡는다. 때마침 4월 10일~15일 사이에는 양쪽 길가에 늘어선 벗나무가 일제히 꽃망울을 터뜨려 화사한 꽃터널을 이룬다.

충주호의 호반길에서는 다양한 볼거리와 즐길 거리도 만나게 된다. 맨 처음 지나치는 곳은 KBS사극세트장이다. 대하드라마 〈태조 왕건〉과 〈제국의 아침〉을 찍었던 곳이다. 이 세트장을 지나면 이내 제천시 청풍면에 들어선다. '내륙의 바다' 충주호에서도 가장 풍광이 수려한 청풍면 일대는 특별히 '청풍호반'이라 불리기도 한다. 청풍호반의 수려한 풍광을 감상하며 번지점프, 수상비행기 탑승, 인공암벽타기 등의 레포츠를 체험하는 것만으로도 하루 일정이 빠듯하다. 특히 지난 2002년에 문을 연 청풍랜드는 국내 최고 높이(62m)의 번지점프대를 비롯해 이젝션시트, 빅스윙 등 다채로운 놀이기구를 갖추고 있어 짜릿한 쾌감과 스릴을 즐기려는 사람들의 발길이 줄을 잇는다. 또, 청풍랜드 앞의 호수에서는 수면으로부터 최고 106m까지 치솟는 수경분수의 시원스런 장관도 감상할 수 있다.

충주호를 사이에 두고 청풍랜드와 마주보는 망월산 중턱에는 옛 건물들로 가득 찬 청풍문화재단지가 자리잡고 있다. 1985년 충주댐의 완공으로 수몰된 옛 관아 건물과 민가, 고인돌과 비석들, 그리고 민속 유물들을 한자리에 모아놓았다. 그중에서도 가장 마음이 끌리는 것은 밥주걱, 삼태기, 디딜방아, 지게 등의 생활도구가 고스란히 남아 있는 민가들이다. 게다가 이맘때쯤이면 복사꽃, 앵두꽃, 목련, 배꽃 등의 봄꽃들이 앞다투어 피어나 집 안팎의 정취를 화사하게 해준다.

길이란 길은 죄다 넓혀지고 아스팔트로 뒤덮인 요즘, 청풍호반의 북쪽 기슭에는 아직도 흙먼지 폴폴 날리는 흙길이 남아 있다. 제천시 금성면소재지에서 황석리, 부산리를 거쳐 충주시 동량면까지 이어지는 길이 그 대표적인 경우다. 충주호가 완공되고 물이 차오르면서 마을들은 물에 잠기고 산허리를 가로지르는 새 길이 생겨난 것이다. 구불거리는 길을 따라 호수의 물빛이 시시각각 달라지고, 아스라한 월악산의 능선도 전혀 다른 형상으로 나타난다. 이따금 들려오는 새소리와 길가에 소담스레 핀 들꽃마저 없었다면, 무한대의 우주 공간에 홀로 떠 있는 듯한 착각을 불러일으키는 길이다. 그래서인지 물을 따라가는 길은 생명의 시원始原처럼 고요하고 아늑한 느낌을 준다.

◀ 청풍대교 부근의 화사한 벚꽃길. 대략 4월10일~15일 사이에 절정을 이룬다.
▶ 청풍호 북쪽 기슭의 흙길. 제천시 금성면에서 충주시 동량면까지 이어지는 이 길은 생명의 시원처럼 아늑하고 편안하다.

🧳 숙 박

청풍면의 충주호 호숫가에는 ES리조트(648-6070, www.esresort.co.kr)와 국민연금청풍리조트(640-7000, www.cheongpungresort.co.kr)가 자리잡고 있다. 그중 수산면 능강리의 ES리조트는 충주호가 한눈에 들어오는 산중턱 솔숲에 유럽풍의 집들이 군데군데 들어서 있어 풍광이 빼어나게 아름답다. 그 밖에 청풍호반 언덕에 자리한 노을빛호수펜션(648-6380, www.dreamlake.co.kr)과 금성면 KBS사극 세트장 부근의 블루밍데이즈펜션(642-4600, www.bloomingdays.co.kr)도 하룻밤 묵을 만하다.

충주 ES리조트

🍴 맛 집

청풍면 소재지에 위치한 청풍장평가든(647-0151)은 된장뚝배기에 돼지불고기가 딸려 나오는 뚝불백반, 직접 발효시킨 청국장, 옛 맛을 고스란히 간직한 수수부꾸미 등이 값싸고 맛있는 집이다. 밑반찬으로 나오는 각종 산나물과 싱싱한 쌈채소도 입맛을 돋운다. 그밖에 ES리조트 인근의 얼음골매운탕(쏘가리매운탕, 651-6075), 금성면 성내리의 금수산송어장가든(송어비빔회, 652-8833), 금성면소재지의 청풍골순두부(콩비지백반, 652-4748) 등도 권할 만하다.

📷 축 제

청풍호반 벚꽃축제 벚꽃이 만개하는 4월 중순경에 청풍호반 일대에서 열린다. 청풍부사의 봄나들이, 전통무예 수벽치기 시연 등의 행사가 눈길을 끈다.

■ 문의 · 제천시축제추진위원회(640-5683)

🛵 레 포 츠

드림항공(643-2676, www.seaplanes.co.kr)은 경비행기를 타고 청풍호반 일대를 내려다볼 수 있는 체험비행프로그램을 선보이고 있다. 네 개의 코스 중 하나를 선택하며, 체험 비용은 5만 원(10분 비행), 10만 원(30분 비행)이다.

🚗 가 는 길

중앙고속도로 남제천IC(82번 지방도) ▶▶ 〈태조 왕건〉 촬영장(성내리) ▶▶ 청풍랜드 ▶▶ 청풍교 ▶▶ 청풍문화재단지 ▶▶ 청풍교 삼거리(우회전) ▶▶ 정방사 ▶▶ 옥순대교

04

셋
째
주

안성시 대덕면 모산리
산비탈의 배밭. 배꽃이 만발한
4월 중순 무렵의 풍경이다.

공연이 끝날 즈음에는
관객들과 공연자들이 함께
어우러져서 어깨춤을
덩실덩실 추는 뒤풀이
마당이 이어진다. 그마저도
모두 끝난 뒤에는 가슴이
휑할 만큼 아쉬우면서도
머릿속까지 맑아진 듯한
카타르시스를 맛보게 된다.

오감을 들쑤시는 '전통문화 종합선물세트'

안성 남사당놀이

춘광춘색 완연한 4월 중순, 경기도 안성 땅의 산비탈과 들녘은 온통 새하얗다. 봄날의 맑은 햇살 아래 만개한 배꽃이 때늦은 서설처럼 눈부시다. 배나무 아래에는 꽃다지, 민들레 등의 봄꽃이 흐드러지게 피어 있어 절정의 꽃 잔치가 연일 계속된다. 예로부터 '전통유기의 고장'으로 유명한 안성은 과즙 많고 당도 높은 배의 주산지이기도 하다. 발길 닿는 곳곳마다 들어선 배밭에 유난히 굵고 우람한 나무가 많은 것만 봐도 안성 배의 역사가 녹록지 않음을 짐작할 수 있다.

문화의 고장인 안성 땅에는 지금도 오랜 전통문화가 살아 숨쉰다. 다른 지방에서는 비싼 관람료를 내고서도 보기 어려운 전통춤과 놀이를 안성에서는 무료로 관람할 수 있다. 무료 공연이지만 그 내용과 출연자들의 수준은 정상급이다. 처음부터 끝까지 잠시라도 자리를 뜰 수 없을 만큼 감동적이고도 재미있는 전통춤이 공연된다.

먼저 들러볼 태평무전수관은 안성시 사곡동에 위치한다. 태평 국가의 풍년과 태평성대를 기원하며 추는 궁중무용인 태평무는 현재 중요무형문화재 제92호로 지정돼 있다. 이 전수관에서는 4~11월 사이의 매주 토요일 오후 4시부터 약 1시간 동안 전통무용 상설무대가 열린다. 수백 회의 해외공연을 통해 우리나라 전통춤의 진수를 보여준 강선영무용단의 상설공연무대이다. 태평무를 비롯해 검무, 북춤, 삼고무, 처녀총각 등과 같이 낯익은 전통춤뿐만 아니라 향발무, 무당춤, 공작과 학, 한량무, 미얄할미 등 관람할 기회가 흔치 않은 것까지 한자리에서 감상할 수 있다.

전통무용 상설무대가 끝나면 안성시 보개면 복평리의 남사당전수관으로 자리를 옮긴다. 4~10월 사이 오후 6시 30분부터 9시까지 토요상설공연이 펼쳐지는 곳이다. '안성시립 남사당바우덕이풍물단' 단원들이 펼쳐 보이는 남사당놀이는 공연자와 구경꾼이 따로 없다. 서로 함께 어우러져서 한바탕

◀ 태평무전수관의 전통무용 상설무대에서 선보이는 삼고무(三鼓舞)
▶ 신명 나는 남사당놀이 공연에서 상모를 돌리는 놀이패

질펀하게 놀아보는 풍물놀이마당이다.

해거름녘부터 시작되는 공연에서는 고사굿, 설장구 합주, 사물놀이, 살판(땅재주놀이), 덧뵈기(탈놀이), 버나놀이(가죽접시 돌리기), 덜미(인형극), 어름(줄타기), 상모놀이, 북춤, 풍물놀이, 무동놀이 등을 순차적으로 선보인다. 그중 어릿광대와 재주꾼이 재담과 묘기를 주고받는 살판, 각각 1·3·5·7명의 어린이를 어깨에 태운 채 덩실덩실 춤을 추는 무동놀이가 특히 인상적이다. 마치 서커스단의 공연 같은 기교와 재주로 관객들의 손에 땀을 쥐게 만드는 기예이다. 하지만 남사당놀이의 압권은 역시 줄타기다. 미국 플로리다 주에서 열린 제1회 세계줄타기대회에서 우승한 권원태 씨의 줄타기 묘기는 관객들의 탄성과 박수를 끊임없이 이끌어낸다.

2시간 30분 이상이나 계속되던 공연이 끝날 즈음에는 관객들과 공연자들이 함께 어우러져서 어깨춤을 덩실덩실 추는 뒤풀이 마당이 이어진다. 그마저도 모두 끝난 뒤에는 가슴이 횅할 만큼 아쉬우면서도 머릿속까지 맑아진 듯한 카타르시스를 맛보게 된다.

숙박

남사당전수관과 맞붙은 아트센터 마노(676-0756, www.mahno.co.kr)는 2만 평의 대지에 미술관, 아트샵, 세미나실, 펜션, 야외전시장, 레스토랑, 산책로 등을 갖춘 복합문화공간이다. 그 밖에도 안성에는 레이크힐스골프텔(671-2888), 안성비치호텔(671-0147), 이비스텔(677-1500), 샤넬파크(677-7373), 펜션버드송(017-223-1993), 너리굴문화마을(675-2171), 안성퓨전펜션(675-1807), 펜션아미고(618-3415) 등의 숙박업소가 많다.

맛집

일죽면 화봉리의 서일농원(673-3171) 내의 한식당 '솔리'에서는 직접 농사지은 무공해 채소와 각종 나물, 부침개, 된장찌개 등이 차려 나오는 한정식을 맛볼 수 있다. 그리고 삼죽면 미장리에 위치한 '안성맞춤 한우촌'(673-5550)은 직영 농장에서 사육한 1등급 한우고기만 내놓는 숯불구이 전문점이다. 그 밖에 안성 읍내의 안일

서일농원 내의 한식당인 '솔리'의 한정식

옥(장국밥, 675-2486), 안성교육청 옆의 향교식당(가정식 백반, 675-4288), 고삼농협 맞은편의 고삼묵집(도토리묵밥, 672-7026)도 널리 알려진 맛집이다.

축제

안성남사당 바우덕이축제 매년 10월 초순에 5일 동안 안성시 레포츠공원과 안성 시내 일월에서 개최되는 전통문화축제. 전통적인 남사당놀이뿐만 아니라 세계 각국의 기예와 민속놀이가 공연된다. ■ 문의 · 바우덕이축제 사무국(676-4601)

가는 길

태평무전수관 경부고속도로 안성IC▶▶38번 국도(안성 방면)▶▶대덕터널을 지나 좌회전(70번 지방도, 고삼 방면)▶▶오른쪽 작은 길▶▶전수관

남사당전수관 경부고속도로 안성IC▶▶38번 국도(안성 방면)▶▶비봉터널을 지나 동신초교 삼거리에서 유턴해 387번 지방도쪽으로 우회전▶▶387번 국도로 진입하기 전, 오른쪽 작은 길로 들어서서 1km쯤 진행▶▶전수관

화개골의 가파른 산비탈에 들어선 차밭에서 이른 아침부터 찻잎을 따는 아낙네들

04

넷
째
주

차 향기 그윽한 지리산 골짜기

하동 화개골

화개골의 야생 차밭은 눈으로 보는 곳이 아니라 마음으로 느끼는 곳이다.
듬직한 지리산 자락과 맑은 물이 흘러내리는 계곡의 풍광도 수려하고,
골골이 물안개 피어오르는 새벽과 별빛 초롱초롱한 밤의 정취도 낭만적이다.

음력 삼월경의 모춘暮春, 영롱한 아침 이슬을 머금은 찻잎이 은근하게 마음을 잡아끄는 시절이다. 막 돋아나기 시작한 연둣빛 찻잎을 바라보고만 있어도 속진에 찌든 마음이 저절로 청징淸澄, 무구해지는 듯하다. 푸른 차밭은 사시사철 볼 수 있지만, 그 싱그러움과 풋풋함을 제대로 느끼려면 차 수확이 한창인 곡우(4월 20일경) 무렵부터 5월 중순 사이가 좋다. 경남 하동의 화개골은 눈맛 좋고 마음까지 맑아지는 봄날의 차밭을 감상하기에 제격이다.

'화개' 하면 흔히들 '십리 벚꽃길'을 먼저 떠올리게 마련이다. 영산 지리산에서 흘러내린 화개천과 나란히 이어지는 찻길 양쪽에 아름드리 벚나무가 줄지어 늘어서 있다. 춘흥을 못 이긴 벚나무들이 일제히 꽃부리를 펼치는 4월 초순이 되면, 이 벚꽃길은 경향 각지에서 몰려든 사람들로 북새통을 이루곤 한다.

꽃 피는 화개골에는 차 향기가 그윽하다. 사시사철 언제 찾아가도 빼어난 산수에 취하고 그윽한 다향에 매료된다. 우리나라에서 차가 처음 재배된 곳답게 오늘날에도 사방천지가 온통 차밭이다. 20세기에 들어와서야 대대적으로 조성된 보성이나 제주도의 차밭과는 달리, 화개골에는 약 1300년의 세월 동안 산비탈의 바위틈에서 스스로 번식하고 성장한 야생 차나무가 적지 않다. 물론 야생 차나무만 있는 것은 아니다. 근래 들어와서는 사람의 손으로 심고 가꿔진 인공 차밭도 폭발적으로 늘어났다.

화개골에 차밭이 많기는 하지만, 보성 차밭처럼 그림 같은 풍경을 찾아보기는 힘들다. 대부분의 차밭이 비교적 사람의 손을 덜 탄 데다 가파른 산비탈에 자리잡고 있는 때문이다. 화개골의 야생 차밭은 눈으로 보는 곳이 아니라 마음으로 느끼는 곳이다. 듬직한 지리산 자락과 맑은 물이 흘러내리는 계곡의 풍광도 수려하고, 골골이 물안개 피어오르는 새벽과 별빛 초롱초롱한

◀ 쌍계사 명부전 앞의 돌부처. 순박하면서도 따뜻한 미소가 얼굴에 가득하다
▶ 어느 해 겨울 화개면 용강리의 대숲에 수백만 마리가 날아든 되새떼

밤의 정취도 낭만적이다.

화개골에는 풍광명미한 자연만큼이나 맑고 깨끗한 사람들이 많다. 대부분 자연에 귀의해 차를 가꾸는 사람들이다. 찻잎을 따서 전통방식대로 각기 아홉 번씩 덖고 비벼서 좋은 차로 만들어내는 일을 생업으로 삼고 있다. 그들이 차에 쏟는 정성과 열정을 관찰하는 것만으로 봄날의 하루가 짧기만 하다. 해 진 뒤에는 찻잔을 주고받으며 차와 자연에 대한 끝없는 이야기를 나누는 즐거움이 있다.

화개골 석문마을과 용강마을에는 대숲이 울창하다. 그곳을 지날 때마다 어느 해 겨울에 날아들었던 수백만 마리의 되새 떼가 생각나곤 한다. 대숲을 잠자리로 삼은 되새들은 해가 뜨고 질 무렵마다 어김없이 비행쇼를 선보였다. 어스레한 화개골의 하늘을 새까맣게 뒤덮은 되새 떼는 방향을 바꿀 때마다 "쏴아~쏴아~"하는 날갯짓 소리를 쏟아냈다. 한마디로 감동과 경이의 군무였다. 지금도 바람결에 서걱거리는 댓잎 소리가 마치 되새 떼의 날갯짓 소리처럼 들리기도 한다. 어쩌면 사무치는 그리움이 낳은 환청인지도 모르겠다.

숙박

화개골을 가로지르는 1023번 지방도와 쌍계사 입구 주변에는 화개온천모텔(883-9346), 그랜드모텔(884-3245), 쉬어가는 누각(884-0151), 산여울민박(883-0509), 동정산장민박(883-9886), 길손민박(884-1336), 쌍계별장(883-1665) 등의 숙박업소가 있다. 그중 산여울민박은 근래에 지어 깔끔한 데다 물소리를 자장가 삼아 잠을 청할 수 있고, 1층에는 산채정식, 오리주물럭 등을 내놓는 식당이 있어서 숙식을 해결하기에 편리하다. 쌍계사의 부속암자였던 곳에 자리한 쌍계별장에서는 고색창연한 멋과 고즈넉한 정취를 맛볼 수 있다.

맛집

쌍계사 입구에는 쌍계수석원식당(영양돌솥밥, 883-1716)과 산골산장(녹차냉면, 883-2028), 화개장터에는 강남식당(은어회와 참게탕, 883-2147), 대청마루(녹차냉면과 녹차수제비, 888-6339), 은성식당(녹차비빔밥, 884-5550) 등이 추천할 만한 맛집이다. 화개면 용강리의 산골제다(080-278-2377, www.sangoljeda.co.kr)에서는 대표 김종관 씨가 개발해 특허를 획득한 녹차냉면, 녹차국수, 녹차수제비를 전국 각지의 녹차냉면집에 공급해 준다. 녹차식품뿐만 아니라 김씨가 직접 전통방식으로 만든 차도 구입할 수 있다. 해인산방(883-6256)과 명인다원(883-2216)에서도 제대로 만든 전통차를 구입할 수 있다.

녹차냉면

축제

하동야생차 문화축제 쌍계사 입구 운수리의 차 시배지와 금남면 진교리 찻사발 도요지에서 매년 5월 하순에 열린다. 차 시배지 다례식, 야생차 음식축제, 야생녹차 가요제, 차예절 경연대회 등의 이벤트와 함께 찻잎 따기, 전통차 만들기, 찻사발 빚기, 녹차 떡메치기 등의 체험행사도 마련돼 있다.

■ 문의 · 하동군청 문화관광과(880-2375), 하동녹차체험관(880-2745)

가는 길

남해고속도로 하동IC(19번 국도, 하동 방면) ▶ 하동 우회도로 ▶ 화개장터(1023번 지방도, 우회전) ▶ 쌍계사 입구

우리 땅에 자생하는 식물들을 본래의
생태환경에 맞춰서 심어놓은 자연생태원

05

자연생태계보다 더 자연스런 식물나라

용인 한택식물원

5월 초순에는 광릉요강꽃, 고깔제비꽃, 각시붓꽃 등이 산비탈에서
꽃망울을 터뜨린다. 그늘진 숲 바닥에는 노란 매미꽃이
지천으로 깔려 있다. 그리고 맑은 계류가 흐르는 물가에는 동의나물이
소담스런 꽃송이를 펼쳐 보인다.

　　벚꽃, 진달래, 철쭉. 매미꽃, 세바람꽃, 너도바람꽃, 며느리밥풀꽃(금낭화), 동의나물, 꽃창포, 삼지구엽초(음양곽), 매발톱꽃, 노랑무늬붓꽃……. 이름만 들어도 친밀감이 느껴지는 우리의 토종 야생화들이다. 한택식물원은 소박하면서도 우아한 우리 야생화를 자연 그대로의 모습으로 관찰할 수 있는 곳이다. 사물에 대한 호기심이 많은 어린이들의 현장학습장으로도 안성맞춤이다.

　　한택식물원은 경기도 용인시 백암면 옥산리의 비봉산(372m) 기슭에 자리 잡고 있다. 원장 이택주 씨가 1979년부터 조성하기 시작해서 2003년 5월에야 일반인들에게 개방되었다. 현재 총면적이 30만 평쯤 되는 이 식물원에는 8000여 종, 720만 그루의 식물이 자라고 있다. 그중 2400종가량이 우리나라 자생식물이다. 자연생태계에서는 이미 사라졌거나 보기 드문 식물들도 이곳에서는 어렵잖게 만날 수 있다. 그래서 2001년에는 환경부로부터 '자생지 외 희귀식물보전지역'으로 지정되기도 했다.

　　식물원 구역은 크게 동원과 서원으로 나뉜다. 일반인들은 동원만 관람할 수 있다. 동원에는 30여 개의 테마정원이 조성돼 있는데, 식물의 종류가 워낙 다양한 데다 개화기도 서로 달라서 사시사철 만개한 꽃을 볼 수 있다. 하지만 꽃구경하기에는 5월이 가장 좋다. 유난히 꽃잎이 크고 빛깔도 화려한 튤립, 모란, 작약 등이 군락을 이루어 피어나기 때문이다.

　　동원의 여러 테마정원 중에서 가장 마음이 끌리는 곳은 자연생태원이다. 산비탈과 계곡, 음지와 양지, 습지와 풀밭 등의 자연지형을 두루 갖춘 테마정원이다. 이곳의 식물들은 자생지와 똑같은 서식조건에서 꽃을 피우거나 나이테를 늘려간다. 예컨대 5월 초순에는 광릉요강꽃, 고깔제비꽃, 각시붓꽃 등이 산비탈에서 꽃망울을 터뜨린다. 그늘진 숲 바닥에는 노란 매미꽃이 지천으로 깔려 있다. 그리고 맑은 계류가 흐르는 물가에는 동의나물이 소담스

빨간 튤립이 흐드러지게 핀 구근원

런 꽃송이를 펼쳐 보인다. 마치 백두대간 자락의 어느 심산유곡을 고스란히 옮겨놓은 듯하다. 자연생태원을 뒤로하고 계곡을 거슬러 오르면 한창 절정의 자태를 뽐내는 세바람꽃, 설앵초, 큰연령초, 금강애기나리 등이 사람들의 눈길을 붙잡는다. 아담한 폭포와 개울을 지나 식물원의 맨 위쪽으로 올라가면 전망대에 이르는데, 비봉산 중턱에 자리한 전망대에서는 식물원 전경이 한눈에 들어온다.

전망대의 바로 아래쪽부터는 절개지 돌축대를 활용해 만든 월가든(wall garden), 500여 종의 고산식물이 자라는 암석원, 갖가지의 꽃나무와 풀꽃들이 한데 어우러진 숙근초원, 코알라의 먹이인 유칼립투스와 생텍쥐페리의 『어린왕자』에 등장하는 바오밥나무를 볼 수 있는 호주 온실, 튤립이나 수선화 같은 구근식물 수백 종이 심어진 구근원, 수백 종의 모란과 작약이 활짝 꽃을 피운 모란작약원 등이 차례대로 조성돼 있다.

그 밖에 아이리스원, 원추리원, 침상원, 잔디화단, 시크릿가든, 관목원, 비비추원, 억새원, 덩굴식물원, 백합원, 약용식물원, 음지식물원, 희귀식물원, 허브 · 식충식물원 등의 테마정원이 조성돼 있어 철마다 다양한 꽃들이 피고 진다. 한택식물원에 다녀온 뒤로 어느 숲길을 걷다보면, 길가의 풀 한 포기도 허투루 보지 않고 관심을 기울이는 자신의 새로운 모습을 발견하게 될 것이다.

046

관 람 안 내

- 위치 · 경기도 용인시 백암면 옥산리 산 153-1번지
- 문의 · 333-3558, www.hantaek.com
- 관람시간 · 오전 9시~일몰, 연중무휴
- 입장료 · 평일 어른 7000원(주말과 공휴일은 8500원), 어린이 4000원(5000원)
- 편의시설 · 매표소 옆의 2층 건물에는 한정식, 산채비빔밥, 백암순대, 황태구이 등을 맛볼 수 있는 한식당 '미담'(323-3747)과 우동, 자장면, 돈까스, 커피 등을 파는 카페 '그린데이즈'가 있다. 카페 옆에는 허브제품, 압화 등의 기념품을 파는 가게도 있다. 식물원 내에는 간식거리와 음료를 파는 매점도 두 군데 있다.

카페 그린데이즈

- 주의사항 · 식물원 내에서는 흡연, 카메라 삼각대의 휴대, 국물 있는 음식물의 반입, 애완견 동반 등의 행위가 금지된다.

숙 박

식물원과 가까운 안성시 죽산면의 용설저수지 주변에는 레이크펜션(676-7799), 안성퓨전펜션(675-1807), 프로방스모텔(676-9905) 등의 깔끔한 숙박업소가 많다.

맛 집

양지IC에서 식물원 가는 길에 지나는 백암면 소재지에는 중앙식당(333-7750), 옛날백암순대(332-4023), 제일식당(332-4608) 등 맛있는 순대집이 많다. 그리고 백암농협 앞의 자작마을(322-5564)은 자작나무 숯불에 구워 먹는 고기 맛이 일품이다.

가 는 길

- 영동고속도로 양지IC(17번 국도, 일죽 방면) ▶▶ 백암면소재지(329번 지방도, 안성 삼죽 방면) ▶▶ 장평초등학교 ▶▶ 한택식물원(총 21km)
- 중부고속도로 일죽IC(38번 국도, 안성 방면) ▶▶ 죽산면 소재지 ▶▶ 농협LG주유소 ▶▶ 한택식물원(총 8km)

망운산 정상의 철쭉 군락지.
뒤편으로 여수만 바다와
여수반도가 한눈에 들어온다.

망운산은
남해의 진산이다.
명성만을 따진다면 금산이
더 윗길이지만, 남해
토박이들은 섬의 최고봉인
망운산을 더 아낀다.
산자락이 넓고 산세가
완만해서 어머니의 품속처럼
푸근하기 때문이다.

여수만과 지리산이 손에 잡히는 철쭉 명산

남해 망운산

여행의 스타일은 나이에 따라 달라진다. 피 끓는 이삼십대들 중에는 낯설고 험한 길을 애써 찾아다니는 사람이 많다. 그러나 불혹을 넘어서면 심신이 편안하고 아늑한 곳을 더 선호한다. 중년의 여행자들은 황혼녘에 눌러앉아 여생을 보낼 만한 곳을 은밀히 물색하는 경우도 있다. 고향처럼 마음 편해지는 곳은 아무래도 발길이 더 잦게 마련인데, 내게는 경남 남해군이 그런 곳이다.

5월 초순경의 남해도 여행에서는 세 가지를 놓칠 수 없다. 바로 망운산의 철쭉과 호구산 용문사, 그리고 다랭이논에 모심는 광경이다. 망운산(786m)은 남해의 진산이다. 명성만을 따진다면 금산이 더 윗길이지만, 남해 토박이들은 섬의 최고봉인 망운산을 더 아낀다. 산자락이 넓고 산세가 완만해서 어머니의 품속처럼 푸근하기 때문이다. 게다가 정상 주변의 능선과 비탈에는 철쭉 군락지가 형성돼 있어, 해마다 5월 초순이면 온통 붉은 융단을 깔아놓은 듯한 장관이 연출된다.

망운산의 철쭉밭은 여느 철쭉 명산에 비해 규모가 작은 편이다. 하지만 여수만 바다와 여수반도가 손에 잡힐 듯이 가깝고, 섬진강 하구와 광양 백운산이 한눈에 들어오며, 멀리 100여 리의 지리산 주능선이 아스라이 보이는 정상 일대에 자리잡았다는 점에서 아주 매력적이다. 더욱이 철쭉보다 더 붉은 노을이 호수처럼 잔잔한 광양만의 하늘과 바다에 드리워지는 해질녘의 풍경은 숨 막힐 듯 화사하고 아름답다.

망운산 정상에서 남동쪽으로 시선을 돌리면, 망운산과 금산 사이에 뾰족이 솟은 암봉 하나가 눈에 들어온다. 남해 제일의 고찰 용문사가 자리잡은 호구산(626m)의 정상이다. 용문사는 신라 애장왕 때 창건된 이래 열두 명의 고승을 배출한 고찰이다. 임진왜란 당시에는 승병의 근거지였을 정도로 유서가 깊다. 고찰 특유의 고풍스러움은 절 초입에서부터 느낄 수 있다. 맑은 계류

◀ 남면 가천마을의 다랭이논에서 써레질하고 모심는 농부들　▶ 울창한 숲에 둘러싸인 용문사 대웅전 뒤편의 차밭

가 소와 폭포를 이루는 골짜기를 따라서 운치 좋은 숲길이 이어진다. 부도밭 아래의 길가에는 소박하고도 정감 넘치는 표정의 목장승도 하나 서 있다.

오늘날의 용문사는 건물들이 별로 오래되지 않았는데도, 해묵은 품격과 고색창연한 멋이 곳곳에서 묻어난다. 요란한 중창불사보다는 주변의 자연과 조화를 이루는 중건에 더 심혈을 기울여온 덕택이다. 불두화, 영산홍, 모란이 흐드러지게 핀 경내에 들어서면, 절집을 에워싼 숲과 차밭에서 풍기는 자연의 향기가 코끝에 진동한다. 대웅전 뒤편의 차밭에는 몇몇 보살들이 우전을 지나 세작에 이른 찻잎을 따느라 여념이 없다. 짧지 않은 시간 동안 구석구석 둘러봤어도 막상 절집을 나서려면 아쉬움이 남는 곳이다.

망운사와 용문사 사이를 오가려면 천상 해안도로를 이용할 수밖에 없다. 앵강만과 여수만을 끼고 달리는 이 길은 남해군 제일의 해안드라이브코스로 손꼽힌다. 차창 밖의 풍경이 참으로 다채롭고 수려하다. 특히 남면 홍현리 가천마을은 이 해안도로를 지나는 관광객들이 한 번쯤 들러가는 명승지이다. 인공의 계단식 논밭, 일명 '다랭이논'과 수십 채의 민가가 가파른 비탈에 절묘하게 들어앉은 풍광이 매우 독특한 마을이다. 마을 안에는 '암수미륵바위'와 '밥무덤'이라는 민속유물도 남아 있다.

하지만 5월의 가천마을에서 가장 인상적인 것은 손바닥만 한 다랭이논에서

농부들 몇이서 써레질하고 모심는 광경이다. 기계로 손쉽게 농사짓는 땅조차도 묵히는 데가 적지 않은 요즘, 좁고 가파른 다랭이논을 오직 소와 사람의 힘으로 붙여먹는다는 것이 기적처럼 보인다. 언제 봐도 남해도는 사람과 자연이 두루 아름답다. 아니, 남해도는 자연보다도 사람이 더 아름다운 땅이다.

여행 정보 (지역번호 055)

🧳 숙 박

서면과 남면의 바닷가를 따라가는 해안도로변에는 남해별곡(서면 서상, 862-5001), 남해스포츠파크호텔(서면 서상, 862-8811), 노을펜션(남면 선구, 011-834-0597), 바다풍경펜션(남면 항촌, 863-1331), 설흘산휴양촌(남면 홍현, 863-0848), 가천

항촌마을의 바다풍경펜션

모롱이펜션(남면 가천, 863-5772), 황토휴양촌(남면 홍현, 019-524-6242), 남해가족휴양촌(남면 월포, 863-0548), 마린원더스호텔(남면 월포, 862-8880), 펜션 곡두방의 아침(남면 당항, 011-887-0095) 등의 숙박업소가 들어서 있다. 60여 가구의 주민이 사는 가천마을에도 조은집(863-4769), 조약돌(862-8166) 등 민박집이 13가구나 된다.

🍴 맛 집

미조항과 송정해수욕장 사이의 답하리 해안도로변에 자리한 해사랑전복마을(867-7571, www.lovesea.pe.kr)은 전복 양식장을 직영하고 있어서 전복회, 전복죽 등의 전복요리를 내놓는 집이다. 싱싱한 참전복과 돌멍게, 고동 등의 해산물이 푸짐하게 나오는 해물모듬도 맛있다. 저녁노을이 아름다운 이 집에서는 민박도 가능하다. 그 밖에 서면 서상리의 남해별곡(산낙지가마솥볶음, 862-5001), 남면 평산포구의 평산횟집(생선회, 863-1047)도 남해 토박이들이 추천하는 맛집이다.

🚗 가 는 길

남해고속도로 사천IC(3번 국도) ▶▶ 창선~삼천포대교 ▶▶ 지족해협 ▶▶ 지족 삼거리(1024번 지방도) ▶▶ 이동면 소재지 ▶▶ 신전 삼거리 ▶▶ 용소마을(용문사 입구) ▶▶ 가천마을 ▶▶ 서상 ▶▶ 남상마을(망운산 입구, 정상까지 차량 진입 가능) ▶▶ 망운산

관룡사의 용선대 석가여래좌상(보물 제295호). 우리나라의 여러
불상 중에서 가장 장엄하면서도 호쾌한 배치를 보여준다.

05

셋째주

반야용선을 타고 피안의 세계로 떠나다

창녕 관룡사

용선대라는 바위 위에 천년의 모진 풍상에도 아랑곳하지 않고
묵묵히 사바세계를 굽어보는 부처님이 모셔져 있다. 오뚝한 코와 가늘게 뜬 눈,
미소를 머금은 듯한 입 모양이 대자대비하신 부처의 모습 그대로이다.
그런데 초면이라도 낯설지가 않다.

창녕 관룡사의 동구에는 돌장승 한 쌍이 세워져 있다. 숲길 양쪽에 마주서서 절집에 오가는 길손들을 우두커니 쳐다본다. 미소를 띤 얼굴도, 해학적인 표정도 아니지만 언제 봐도 반갑다. 자주 대하다 보면 마치 피붙이처럼 슬겁게 느껴지기도 한다.

돌장승을 뒤로하고 숲길을 조금만 더 오르면, 정갈하게 다듬어진 돌계단이 나온다. 이 계단이 끝날 즈음에 관룡사 산문이 있다. 다른 사찰의 일주문 역할을 하는 산문이지만, 그 형태는 매우 특이하다. 자연 그대로의 돌을 쌓아 문을 만든 다음, 그 위에는 기와지붕을 올렸다. 게다가 두 사람이 나란히 통과하기에도 비좁을 만큼 규모가 작다. 소박하고도 고졸한 관룡사의 매력은 이 문에서도 엿보인다.

일주문을 지나고 다시 돌계단을 에돌아서 관룡사 경내에 들어서면, 대웅전의 용마루 위로 치솟은 관룡산(739m)의 암봉들이 맨 먼저 눈에 들어온다. 우람한 암봉들이 마치 병풍처럼 절집을 에워싸고 있다. 해남 달마산 자락의 미황사와 아주 흡사한 분위기이다. 추녀 끝을 맞댄 채 'ㅁ자' 형태로 배치된 건물들도 위압적이거나 권위를 드러내지 않아 사람들의 마음을 편안케 한다.

창녕군 창녕읍 옥천리에 위치한 관룡사는 신라 내물왕 때인 서기 394년에 창건되었다고 한다. 한때는 원효대사가 1천여 명의 대중을 상대로 화엄경을 설법하며 대도량大道場을 이룩했다고 전해진다. 그러나 조선시대에는 임진왜란 같은 전란과 산사태를 겪으면서 사세가 크게 위축되었다. 오늘날까지 남아 있는 대웅전(보물 제212호), 약사전(보물 제146호) 등의 불전도 대체로 조선 후기에 지어진 것이다.

정면 3칸 규모의 대웅전은 금당金堂답게 장중하면서도 단아한 외관도 눈여겨볼 만하고 갖가지 정교한 조각과 금錦단청으로 치장된 법당 내부도 화려하기 이를 데 없다. 특히 하늘에서 피리를 불며 내려와 부처를 찬양하는 주악

비천상, 사슴 같은 길상수吉祥獸 등이 정교하게 새겨진 수미단(불상의 대좌)에 오래도록 시선이 머문다.

관룡사에서 약 700m쯤 떨어진 산중턱에는 용선대 석조석가여래좌상(보물 제295호)이 있다. 명부전과 요사채 사이의 오솔길을 따라 20분쯤 오르면 가파른 솔숲길이 끝나고 갑자기 집채만 한 바위가 눈앞을 가로막는다. 바로 이 용선대라는 바위 위에 천년의 모진 풍상에도 아랑곳하지 않고 묵묵히 사바세계를 굽어보는 부처님이 모셔져 있다. 오뚝한 코와 가늘게 뜬 눈, 미소를 머금은 듯한 입 모양이 대자대비하신 부처의 모습 그대로이다. 그런데 초면이라도 낯설지가 않다. 석굴암 본존불과 아주 흡사하기 때문이다. 불상의 전체적인 모습과 느낌도 그렇고, 동짓날 해 뜨는 방향을 바라보는 자리도 그렇다.

용선대 부처는 그 자체보다도 자리잡은 터가 더 인상적이다. 용선대 위쪽으로 10m가량 떨어진 곳에 있는 바위 위에 올라서면, 산 아래에 흩어진 올망졸망한 마을과 그 하늘 위에 두둥실 떠 있는 용선대의 위용이 한눈에 들어온다. 반야용선(般若龍船, 피안의 세계로 중생을 이끄는 배)의 뱃머리에 앉은 부처

◀ 관룡산의 암봉들이 병풍처럼 에워싼 관룡사의 대웅전
▶ 관룡사 대웅전의 수미단에 조각된 '주악비천상'

가 번뇌와 우매의 사바세계에서 허우적거리는 중생을 구제해 극락세계로 향하는 듯한 형상이다. 장엄하고도 경이로운 그 형상을 바라보노라면, 불자가 아닌 사람조차도 두 손 가지런히 모아 간절한 염원을 빌어보게 마련이다.

여행 정보 (지역번호 055)

숙박

관룡사 아래의 옥천리에는 옥천계곡통나무집(521-0035), 옥천관광농원(521-2400) 등의 숙박시설이 있다.

맛집

옥천리 길가에 위치한 고향보리밥(521-2516)은 투박하면서도 맛깔스런 보리밥 하나로 유명해진 집이다. 양푼에 담은 보리밥과 함께 갓 무쳐낸 정구지(부추)와 배추겉절이, 콩비지, 된장찌개, 호박잎 쌈, 갈치조림 등이 밑반찬으로 나온다. 그 밖에 솔밭식당(한방닭백숙, 521-0951)과 옥천관광농원(흑염소불고기·송이버섯요리, 521-2400)도 한번 들러볼 만하다.

축제

화왕산 갈대제 매년 10월 둘째 주로 예정된 '창녕 군민의 날' 행사와 함께 개최된다. 화왕산 정상 일대의 억새평원에서 산신제, 통일기원횃불행진, 캠프파이어 등의 행사가 열린다.

■ 문의·화왕산갈대제 제전위원회(533-2998)

※ 화왕산(757m)은 봄에는 진달래, 가을에는 억새가 장관을 이루는 산이다. 정상 부근에는 5~6만 평쯤 되는 억새평원이 형성돼 있다. 등산코스는 창녕 읍내 자하곡으로 올라서 환장고개 → 정상 → 화왕산성 동문 → 관룡산 → 청룡암 → 관룡사를 거쳐 옥천리로 하산하는 여정이 가장 무난하다. 총 4~5시간 정도 소요된다.

■ 문의·화왕산군립공원 자하곡매표소(530-2497)

가는 길

중부내륙고속도로(옛 구마고속도로) 창녕IC(20번 국도) ▶▶ 창녕읍(5번 국도) ▶▶ 계성면 계성리 (좌회전) ▶▶ 옥천리 ▶▶ 관룡사

해당화 만발한 삼형제바위 위에서
바라본 해변과 촛대바위. 뒤쪽에 등대섬
부도가 아스라이 보인다.

촛대바위 남쪽의
부두치 해변에서는 날마다
‘모세의 기적’ 이 일어난다.
이 해변의 바로 앞에는
조그마한 돌섬이 하나 있는데,
밀물 때에는 외딴 무인도였다가
썰물 때에는 물 밖에 드러난
모래톱을 통해 부두치
해변과 연결된다.

해당화 피고 지는 섬마을

옹진 승봉도

해당화는 호젓한 바닷가에서 홀로 피고 지는 야생화이다. 만개한 꽃의 때깔이 유난히 선명하고 향기가 짙어서 예로부터 '화중신선花中神仙'이라 불렸다. 하지만 요즘에는 야생 해당화를 보기가 쉽지 않다. 어느 바닷가에서 우연찮게 한 그루라도 만나면 그렇게 반갑고 고마울 수가 없다. 일부러 5월 하순이나 6월 초순에 맞춰 승봉도를 찾아가는 까닭도 만발한 해당화를 보기 위해서다.

승봉도는 행정구역상 인천광역시 옹진군 자월면 승봉리이다. 인천 앞바다의 섬이니 수도권과도 지척이다. 그런데도 의외로 순수하고 때 묻지 않았다. 자연 풍광도 본래의 모습이 잘 간직되어 있고, 70여 가구쯤 되는 주민들도 시골 특유의 인심을 아끼지 않는다. 하나뿐인 마을에는 번듯한 민박집들이 즐비하지만, 여름철 성수기 이외에는 다도해의 어느 섬마을처럼 한가롭다.

승봉도는 걸어다니기에 딱 알맞은 섬이다. 전체 면적이 $2.2km^2$에 해안선의 길이가 10여km에 불과하다. 마을만 벗어나면 이내 조붓한 오솔길이나 솔숲길이 이어지고, 그 길을 따라 서너 시간만 쉬엄쉬엄 걷다보면 섬 구석구석을 훑어볼 수가 있다. 어느 길로 들어서도 바다가 지척이다. 특히 부채바위, 남대문바위 등의 기암괴석이 많은 북쪽 해안의 풍광이 아주 빼어나다. 부채바위 부근의 바닷가 모래언덕에는 해당화가 군락을 이루고 있다.

썰물 때에는 사람이 만든 길 대신에 물 밖으로 드러나 바닷길을 따라 걸어갈 수가 있다. 부채바위 해변에서 바닷길을 타고 동쪽으로 조금 더 걸어가면, 승봉도 제일의 절경이라는 남대문바위가 보인다. 거대한 바위 하나가 억겁의 세월 동안 파도에 깎이고 비바람에 씻겨서 거대한 문을 만들었다. 남대문바위에서 섬 동쪽 끄트머리의 촛대바위까지는 온통 암석해안이다. 거칠고 투박한 갯돌을 징검다리 삼아 걷다보면, 신비스런 해안동굴도 보이고 아담한 해수욕장을 몇 군데 지나기도 한다.

◀ 승봉도 제일의 해안절경으로 꼽히는 남대문바위. 남대문보다는 코끼리를 더 닮았다.
▶ 인적 드문 부두치 해변에 날아든 검은머리물떼새

승봉도의 맨 동쪽 해안은 사람의 발길이 뜸한 편이다. 그 덕분에 승봉도의 어느 바닷가보다도 자연풍광이 아름답고 깨끗하다. 물에 반쯤 잠긴 삼형제바위의 형상도 볼만하고, 이름 없는 어느 해수욕장의 심산계류처럼 맑고 차가운 바닷물도 인상적이다. 인적 드문 동쪽 해안의 주인은 다양한 종류의 물새들이다. 특히 검은머리물떼새, 꼬마물떼새, 제비물떼새 등을 쉽게 볼 수 있다. 그중에서도 검은머리물떼새는 종種 자체가 천연기념물(제326호)로 지정돼 있을 만큼 희귀한 물새지만, 이곳에서는 쉽게 눈에 띈다.

촛대바위까지 구경한 뒤에는 길을 되돌아와야 한다. 깎아지른 해벽 아래에 일렁거리는 바다가 길을 가로막은 탓이다. 촛대바위 남쪽의 부두치 해변에서는 날마다 '모세의 기적'이 일어난다. 이 해변의 바로 앞에는 조그마한 돌섬이 하나 있는데, 밀물 때에는 외딴 무인도였다가 썰물 때에는 물 밖에 드러난 모래톱을 통해 부두치 해변과 연결된다. 부두치 해변에서 마을까지는 울창한 솔숲길이다. 길바닥에 깔린 솔잎의 푹신한 감촉과 해풍에 실려온 솔향기가 심신의 여독을 말끔히 씻어준다. 그래서 이 길에 들어서면 지나온 길의

수고로움은 아득히 잊혀진다. 오히려 마냥 걷고 싶다는 욕구가 또다시 꿈틀
대기 마련이다. 섬을 빠져나온 뒤에도 한동안은, 솔숲과 바닷가를 끼고 이어
지는 승봉도의 조붓한 길들이 눈앞에 아른거리기 십상이다.

여행 정보(지역번호 032)

숙박

'공식' 숙박업소로는 선착장 부근의 바닷가 언덕에 자리잡은
동양콘도(832-1818, www.dycondo.com)가 유일하다. 총 150개
의 객실과 식당, 슈퍼, 커피숍, 당구장, 노래방 등의 부대시설
을 갖추고 있다. 모두 20평형인 객실은 거실과 2개의 침실, 싱
크대와 화장실로 구성돼 있어 두 가족이 함께 사용해도 된다.

동양콘도

예약 및 문의는 서울사무소(02-2604-6060)로 하면 된다. 승봉도 마을에는 바다풍경(016-224-
9400), 사계절(832-3558), 승봉마리나(832-8001), 동일빌리지(819-0585), 해오름(831-3857) 등
취사시설과 화장실을 갖춘 원룸형 민박집이 많다. 방값은 4만(비수기)~6만 원(성수기) 선이다.

맛집

선창휴게소(831-3983), 바다가 보이는 집(831-0889), 도깨비식당(831-3572), 이일레횟집
(832-1034)은 식당과 민박집을 겸하고 있는 집들이다. 생선회뿐만 아니라 된장찌개, 김치
찌개, 꽃게탕, 매운탕 등의 메뉴도 먹을 수 있다. 마을 안의 농협슈퍼에서는 간단한 부식
과 생필품도 팔고 갯벌 체험용 호미도 빌려준다. 승봉도 홈페이지(www.myseungbong
do.co.kr)에 들어가면 자세한 숙식 정보를 얻을 수 있다.

가는 길

인천 연안부두↔승봉도 우리고속훼리(887-2891)의 파라다이스호와 진도운수(888-9600)의 쾌
속여객선 신광고속훼리가 하루 3회 운항하며, 소요시간은 1시간 20분. 연안여객선 예매
사이트(www.seomticket.co.kr)에서도 선표 예매가 가능하다.
안산 대부도↔승봉도 시화방조제 남단의 방아머리선착장에서 대부해운(886-7813)의 대부고
속페리호가 승봉도-이작도-대이작도 노선을 1일 1~2회 왕복 운항하며, 1시간 20분 정
도 소요된다. 승용차도 선적이 가능하다.

한라산 윗세오름 부근의 선작지왓을 붉게 물들인 철쭉.
뒤쪽에 백록담을 품은 부악이 우뚝하다.

05

다섯째주

해발 1700m대의 광활한 철쭉 평원

한라산 선작지왓

선작지왓은 '큰돌이 군데군데 서 있는 넓은 들' 이라는 뜻의
제주도 방언이다. 실제로 선작지왓은 제주 중산간의 오름지대처럼 광활하다.
그 한복판에는 윗세오름의 세 오름이 봉긋하고,
뒤쪽에는 한라산 정상을 이루는 부악이 불끈 치솟아 있다.

계절의 여왕 5월, 하늘과 맞닿은 고산의 능선은 온통 불바다이다. 모든 것을 잿더미로 만드는 재앙의 불길이 아니라, 붉은 철쭉밭이 연출하는 환상의 꽃불이다. 전국의 철쭉 명산 가운데 가장 남쪽에 위치한 곳은 제주 한라산이다. 그런데도 철쭉의 개화는 가장 늦다. 정상의 해발고도(1950m)가 남한에서 가장 높기 때문이다. 광활한 철쭉 군락지가 형성되어 있는 선작지왓, 윗세오름, 만세동산 일대도 해발 1600~1700m에 이른다.

한라산에는 영실, 어리목, 성판악, 관음사 등 4개의 등산코스가 개방되어 있다. 그중 영실, 어리목 코스는 정상을 밟아볼 수 없지만, 철쭉 군락지를 두루 감상할 수 있다. 그러므로 철쭉꽃을 보기 위한 산행이라면 영실 쪽으로 올랐다가 윗세오름대피소를 거쳐 어리목 쪽으로 하산하는 것이 최적의 코스다.

영실 코스의 산행 기점인 영실휴게소는 해발 1280m이다. 이 코스의 초반부에는 아름드리 활엽수들로 울창한 원시림을 지나게 된다. 등산로 주변에는 제주도에 흔치 않은 적송 고목들이 하늘을 찌를 듯한 위세로 늘어서 있다. 해발 1400m대부터 급경사의 숨가쁜 돌계단길이 한동안 이어진다. 하지만 잠시 걸음을 멈추고 사방을 둘러보면, 한라산의 너른 품에 안긴 오름들이 시야를 가득 채우고, '오백나한'으로도 불리는 영실기암 너머에는 제주 남서부 해안과 서귀포 바다가 아스라이 보인다. 해발 1600m대에 이르면 침엽수 특유의 향기가 진동한다. 우리나라 최대의 구상나무 군락지에 들어선 것이다. 구상나무는 지구상에서 오직 우리나라에만 자생하는 특산식물인데, 특유의 진한 향기를 맡으면 머리가 금세 맑아지는 듯하다.

구상나무 숲터널을 빠져나오면 갑자기 시야가 훤히 트인다. 고산평원인 선작지왓에 들어선 것이다. 선작지왓은 '큰돌이 군데군데 서 있는 넓은 들'이라는 뜻의 제주도 방언이다. 실제로 선작지왓은 제주 중산간의 오름지대처럼 광활하다. 그 한복판에는 윗세오름의 세 오름이 봉긋하고, 뒤쪽에는 한라산

◀ 핫도그나 옥수수처럼 생긴 구상나무 열매. 철쭉꽃이 필 즈음에 볼 수 있다.
▶ 선작지왓의 철쭉 군락지에서 만난 야생 노루

정상을 이루는 부악이 불끈 치솟아 있다.

선작지왓 평원에는 해마다 5월 초순경부터 털진달래꽃이 흐드러지게 피기 시작한다. 그 뒤를 이어서 5월 말쯤에는 핏빛보다 더 붉은 산철쭉이 장관을 이룬다. 거무튀튀한 부악의 암벽과 대비를 이뤄서인지, 꽃 빛깔이 유달리 붉다. 그리고 어느덧 한라산의 주인으로 자리잡은 야생 노루가 붉은 철쭉밭에서 뛰노는 광경은 사뭇 감동적이고도 경이롭다.

선작지왓을 가로지르는 등산로 옆에는 물맛 좋기로 소문난 노루샘이 있다. 거기서 영실, 어리목 코스의 종점인 윗세오름대피소까지는 지척이다. 어리목 코스는 한라산에서 가장 인기 있는 등산코스이다. 이 코스의 만세동산과 윗세오름대피소 사이에 펼쳐진 고산평원에도 드넓은 철쭉 군락이 형성돼 있다. 그래서 전체적인 느낌과 풍광은 영실 코스와 크게 다르진 않다. 다만 영실 코스에 비해 등산로의 경사는 완만한 반면, 조망감이 떨어지고 좀 지루한 편이다. 한라산 철쭉은 봄의 대미를 장식하는 꽃이다. 봄날의 끝자락을 벌겋게 수놓는 철쭉꽃이 모두 스러지고 나면, 계절은 뜨거운 여름철을 향해 숨가쁘게 내달린다.

숙박

한라산국립공원 내에는 숙박시설이 전혀 없고, 관음사 지구(안내소 756-9950)에만 대규모 야영장이 있다. 영실 입구에서 서귀포 방면으로 2.5km쯤 떨어진 서귀포자연휴양림(738-4544)에는 객실마다 취사도구, 화장실, 난방시설을 갖춘 원룸형 황토방, 복합휴양관 등의 숙박시설이 있다. 삼림욕장, 산책로, 전망대, 야영장, 오토캠핑장 등도 조성돼 있다.

맛집

윗세오름대피소(743-1950)와 진달래대피소에서는 사발면, 커피, 초코파이 등의 간식거리와 음료를 사먹을 수 있다. 관음사 주차장 옆에 자리한 산소리(724-2285)는 찻집이지만, 점심 때(11~14시)는 담백하고 맛깔스런 사찰음식도 맛볼 수 있다. 특히 녹차가루, 표고버섯 등으로 만든 녹차수제비와 녹차전, 흑임자죽 등이 맛있는 집으로 소문나 있다.

산행정보

- 코스 · 영실 입구(2.5km) → 영실 휴게소(1.8km) → 병풍바위(2.2km) → 윗세오름대피소 (1.5km) → 만세동산(0.8km) → 사제비동산(2.4km) → 어리목 매표소
- 문의 · 한라산국립공원 관리사무소(713-9950, www.npa.or.kr/halla)
- 주의사항 · 숙박과 야영이 금지된 한라산국립공원에서는 당일 산행이 원칙이다. 해 지기 전에 산행을 완전히 마칠 수 있도록 입산 시간이 코스와 계절별로 정해져 있다.

축제

한라산철쭉제 40년 가까이 계속돼온 산악인들의 축제이다. 철쭉꽃이 만개하는 5월 하순경의 일요일에 윗세오름대피소 주변에서 열린다. 조국 통일과 안전산행을 기원하며 올리는 산신제가 메인 행사이며, 산악정화운동도 벌인다.

- 문의 · 제주산악연맹(759-0848)

가는 길

제주시(99번 국도=1100도로) ▶▶ 도깨비도로 ▶▶ 어리목 입구 ▶▶ 1100고지 ▶▶ 영실 입구(좌회전) ▶▶ 영실 매표소

여름

제주 중문해수욕장의 바다카약

영광굴비의 본고장으로 유명한 법성포의 포구 전경

06

첫
째
주

아직도 스러지지 않은 칠산바다의 꿈

영광 백수해안도로

해당화가 피고 지는 이 **해안도로변**의 전망 좋은 언덕에는
팔각전망대도 세워져 있다. **전망대**에 올라서면 칠산도, 안마도, 송이도,
낙월도 등의 섬들이 꿈결처럼 아스라이 시야에 들어온다. 또한 해안절벽
아래에는 모자바위, 고두섬 등의 **기암괴석과 무인도**가 산재해 절경을 이룬다.

"아들 낳아 원님으로 보내려면 남쪽의 옥당골이나 북쪽의 안악골로 보내라"는 옛말이 있다. 옥당골은 지금의 전남 영광군이다. 조선시대에 27개 면과 12개 섬을 거느린 영광은 각종 산물이 풍부한 부자 고을이었다. 그뿐만 아니라 서해안과 남해안 뱃길의 요충지여서 전라도 15개 고을의 세곡稅穀을 갈무리하던 법성창이 설치되어 있었다. 당시 법성창을 감독하던 법성첨사는 영광군의 수령보다도 더 큰 세도를 부렸다고 한다.

육상 운송이 발달하고 조운이 쇠퇴한 조선 후기부터는 법성포도 점차 쇠락하기 시작했다. 설상가상으로 토사가 쌓이면서 뱃길의 수심이 얕아진 뒤로는 어선들이 마음 놓고 포구를 드나들기가 어렵게 되었다. 그래도 법성포는 살아 있다. 영화롭던 옛 시절에는 못 미치지만, 영광굴비의 본고장이라는 명성은 여전히 드높기만 하다.

굴비는 조기를 소금에 절여서 만든다. 조기 중에서도 법성포 인근의 칠산 바다에서 잡힌 참조기로 만들어야 진짜 영광굴비다. 법성포 선창에 부려진 칠산조기는 '섶간' (또는 섶장)을 거쳐 영광굴비로 거듭난다.

칠산조기가 섶간이라는 독특한 염장법에 의해 맛 좋은 영광굴비로 만들어지는 것은 영광 일대의 대규모 염전 덕택이기도 하다. 영광군 염산면과 백수면에는 질 좋은 천일염을 생산하는 염전이 많다. 특히 '소금 산' 이라는 뜻의 지명을 가진 염산면鹽山面 두우리 일대에는 논밭보다 소금밭이 더 많다. 하지만 이곳의 염전은 대부분 사라질 처지에 놓여 있다. 반면에 백수읍 하사리의 염전은 지금도 여전히 활기가 느껴진다. 시간이 멈춘 듯한 소금밭 특유의 풍경 속에서도 가래질하는 염부鹽夫들의 몸놀림은 기운차고 생기 있다.

백수읍에는 전남 서해안 제일의 해안관광도로가 개설돼 있다. 백수읍 대전리와 구수리 사이의 바닷가를 따라가는 백수해안도로이다. 총길이가 18km 쯤 되는 이 길은 줄곧 칠산도, 송이도, 안마도 등의 섬들이 올망졸망 떠 있는

칠산바다와 바다보다 더 넓어 보이는 갯벌을 끼고 이어진다. 그 덕택에 동해안처럼 탁 트인 전망도 누릴 수 있고, 칠산바다와 갯벌을 금빛이나 주홍빛으로 물들이는 낙조를 감상할 수도 있다.

해당화가 피고 지는 이 해안도로변의 전망 좋은 언덕에는 팔각전망대도 세워져 있다. 전망대에 올라서면 칠산도, 안마도, 송이도, 낙월도 등의 섬들이 꿈결처럼 아스라이 시야에 들어온다. 또한 해안절벽 아래에는 모자바위, 고두섬 등의 기암괴석과 무인도가 산재해 절경을 이룬다.

백수해안도로의 가운데 구간쯤에는 영화 〈마파도〉의 촬영지가 된 뒤로 갑자기 유명해진 백암리 동백마을이 자리잡고 있다. 17가구만 남은 한적한 마을에는 영화를 보고 찾아오는 외지 관광객들의 발길이 꾸준히 이어진다. 마을 곳곳에는 촬영용으로 지어진 집 5채를 비롯해 항아리, 가구, 절구, 우물 등의 영화 소품들이 고스란히 남아 있어 잠시나마 영화 속으로 들어온 듯한 기분에 젖을 수 있다. 마을 고샅길을 찬찬히 걷노라면, 어디선가 영화 속 '엽기할매' 5명의 왁자한 사투리가 들리는 듯하다.

숙박

법성포와 그 인근의 홍농읍에 청수장(356-6700), 도우미장(356-1412), 대서양횟집모텔(356-1478) 등의 숙박업소가 있다. 영광 읍내에는 아리아관광호텔(352-7676), 신라호텔(353-3333), 힐튼모텔(352-9696), 세종모텔(352-1119), 도원모텔(353-3008), 삼정모텔(351-1309) 등이 있다.

맛집

법성포에는 굴비음식 전문점이 많다. 그중 '남도음식명가'로 지정된 일번지식당(356-2268)이 가장 권할 만하다. 이 집의 한정식에는 구이, 찜, 자린고비 등의 각종 굴비요리를 비롯한 산해진미가 상다리 휘어지게 차려져 나온다. 그 밖에 부두횟집(356-3392), 둥지식당(356-6678)의 굴비정식도 괜찮다. 백수해안도로변의 '금강산 가는

일번지식당의 한정식

길'(352-6875)에서는 자연산 활어회를 맛볼 수 있다. 주인이 이강망으로 잡은 횟감만 내놓기 때문에 값도 비교적 저렴하다. 근처 고두섬횟집(352-0001)의 백합죽도 맛있다.

축제

법성포 단오제 숲쟁이공원을 비롯한 법성포 일대에서는 매년 단옷날(음력 5월 5일)을 전후로 약 5일 동안 단오제가 열린다. 서해안 최대의 단오제이자 400년의 역사를 지닌 법성포 단오제는 옛날부터 동해안의 강릉 단오제와 쌍벽을 이뤄왔다. 용왕제, 산신제, 당산제, 길놀이, 선유놀이 등 각종 민속이 재현되고 '굴비아가씨' 선발대회를 비롯한 여러 부대행사가 개최된다.

■ 문의 · 법성포단오보존회(356-4331, www.danoje.co.kr)

가는 길

서해안고속도로 영광IC(23번 국도) ▶▶ 영광읍(22번 국도) ▶▶ 법성포(842번 지방도) ▶▶ 와탄천 배수갑문 ▶▶ 77번 국도(백수해안관광도로) ▶▶ 동백마을 ▶▶ 대전 삼거리(우회전) ▶▶ 하사리(백수염전)

초당굴의 지하수가 지상으로
흘러나오는 소한샘굴 전경

석회암 절벽 아래에 위치한
소한샘굴의 입구는 제법
크고 높다. 하지만 안쪽으로
조금만 들어가면, 도저히
사람이 들어갈 수 없을 만큼
작은 틈새로 유리처럼
투명한 지하수가
강물처럼 흘러나온다.

억겁의 시간이 만든 초당굴의 출수구

삼척 소한샘굴

삼척 시내에서 7번 국도를 타고 남쪽으로 조금만 가면 근래에 개통된 한치터널을 통과한다. 이곳 한치(또는 한재) 고갯마루에서의 바다 전망은 동해안에서 가장 시원스럽다. 한재밑, 승공, 맹방, 덕산 등 울창한 솔숲을 거느린 여러 해수욕장들이 연이어져 6km가량 뻗어 내린 해안선이 한눈에 들어온다. 그야말로 일망무애一望無涯의 풍광이 활달하고도 상쾌하기 그지없다. 특히 파도가 거세게 밀려드는 날의 풍광이 압권인데, 가슴이 절로 뜨거워지고 온몸에 전율마저 느껴질 정도다. 하지만 터널이 뚫린 지금은 일부러 옛길을 택해야만 탁월한 전망을 누려볼 수 있게 되었다. 그래서 이 터널을 지날 적마다 넓고 빠른 길일수록 눈복은 박해진다는 사실을 새삼 깨닫곤 한다.

한치터널에서 직선거리로 4km쯤 떨어진 근덕면 금계리 초당마을의 산중에는 초당굴(천연기념물 제226호)이 있다. 초당마을에서 작은 개울을 끼고 이어지는 조붓한 산길을 30~40분쯤 걸어가면 초당굴 아래의 소한샘굴 입구에 다다른다.

지난 1966년에 처음 발견된 초당굴은 전체 길이만도 약 6km나 된다. 우리나라의 석회동굴 가운데 가장 규모가 클 뿐만 아니라 가장 많은 지하수를 쏟아내는 곳으로 알려져 있다. 더욱이 입구가 각기 다른 세 개의 동굴이 얽히고 설켜 있어 매우 복잡하고도 특이한 구조를 가진 동굴로도 유명하다. 그러나 갖가지 형상의 종유석과 석순, 석회화단구石灰化段丘 등으로 인해

한치 고갯마루에서 바라본 동해바다. 바다 전망이 가장 시원스런 곳이다.

소한샘굴 내부. 작은 틈새로 깨끗한 지하수가 쏟아져 나온다.

'환상의 지하세계'를 보여준다는 동굴 내부에는 들어갈 수가 없다. 출입구가 매우 복잡하고 험난한데다, 동굴 전체가 문화재로 지정된 미개방동굴이기 때문이다.

사실 많은 위험을 감수하면서까지 초당굴 안으로 들어갈 필요는 없다. 초당굴의 동굴류(동굴 내부에 흐르는 지하수)가 지상으로 쏟아져 나오는 소한샘굴의 독특한 풍광도 아주 매력적이기 때문이다. 석회암 절벽 아래에 위치한 소한샘굴의 입구는 제법 크고 높다. 하지만 안쪽으로 조금만 들어가면, 도저히 사람이 들어갈 수 없을 만큼 작은 틈새로 유리처럼 투명한 지하수가 강물처럼 흘러나온다.

초당굴 내부의 환상적인 아름다움에 견줄 수는 없겠지만, 소한샘굴 주변의 울창한 숲과 맑은 계류의 환상적인 조화도 퍽 인상적이다. 더군다나 새소리와 물소리밖에 들리지 않는 첩첩산중의 암벽 아래에서 깨끗한 지하수가 끊임없이 흘러나오는 경관은 자못 신비스럽기까지 하다.

이 땅 구석구석을 돌아다니노라면, 별로 기대하지 않았다가도 뜻밖에 썩 괜찮은 곳을 만나는 경우가 종종 있다. 소한굴샘도 그런 비경 가운데 하나다. 언제 가더라도 만족스러운 곳이지만, 특히 녹음이 우거지고 수량이 풍부한 초여름이나 단풍이 곱게 물든 10월 중순쯤에 찾아가는 것이 가장 좋다.

여행 정보 (지역번호 033)

숙박

바다가 한눈에 내려다보이는 삼척시 정라동의 새천년도로변에는 객실 100개 규모의 펠리스호텔(575-7000)이 자리잡고 있다. 인접한 파라다이스모텔(576-0411)도 객실 안에서 해돋이와 바다를 바라볼 수 있는 숙박업소이다. 그 밖에 맹방해수욕장과 덕산해수욕장 주변에는 민박집이 많다.

펠리스호텔

맛집

삼척시의 맛집으로는 오신다식당(당저동, 삼보잡탕, 574-4521), 바다횟집(정라항 해안도로변, 곰칫국, 574-3543), 정라횟집(당저동, 생선회, 573-3670), 궁전보쌈(남양동, 보쌈, 572-9333), 주막식당(남양동, 아구찜, 572-2222), 부명칼국수(남양동, 가시오갈피칼국수, 574-8514), 외갓집보리밥(남양동, 보리쌈밥, 574-7669) 등이 있다.

가는 길

동해고속도로 동해IC(7번 국도) ▶▶ 삼척교 ▶▶ 한치터널 ▶▶ 맹방휴게소 부근의 '내수면개발사업소' 표지판 앞에서 우회전 ▶▶ 초당저수지 ▶▶ 내수면개발사업소(여기에 차를 세우고 계곡길을 따라 2km쯤 걸어가면 소한샘굴에 당도한다. 소한샘굴 입구의 바로 위쪽에는 천왕사라는 작은 암자가 있다.)

충재 권벌의 큰아들 권동보가 지은 석천정사.
닭실마을 일대의 충재 유적은 '사적 및 명승 제3호'로 지정돼 있다.

06

자연과 하나 된 옛 선비들의 자취

봉화 닭실마을

청암정에 오르려면 작은 돌다리를 건너야 한다. 작은 교각을 연못 속에
세운 다음 긴 장대석을 놓아 만든 돌다리가 아주 멋스럽고 운치 있다. 다리를 건너
청암정의 널찍한 마루에 올라서면 삼면에서 불어오는 바람이 상쾌하기 그지없다.

경북 봉화군은 태백산맥과 소백산맥의 양백지간에 자리잡고 있어 산이 높고 지세가 험하다. 또한 수백 년의 내력을 이어온 종가와 양반 문화가 고스란히 살아 있는 고장이기도 하다. 이 첩첩산중의 양반 고을은 여전히 변화가 더디고 토박이들의 성향도 대체로 보수적이다. 지금도 이곳에는 유교적 전통과 습속을 간직한 양반 마을이 적지 않다. 그 대표적인 곳 중 하나가 봉화읍 유곡1리 닭실마을이다.

안동 권씨의 집성촌인 닭실마을은 안동의 내앞과 하회, 경주의 양동 등과 더불어 영남의 4대 길지吉地로 꼽힌다. 풍수지리학적으로 볼 때 금계포란형金鷄抱卵形, 곧 닭이 알을 품고 있는 듯한 지세를 이루고 있다는 것이다. 닭실이라는 지명도 거기에서 비롯되었다.

닭실에 처음 들어온 안동 권씨는 충재 권벌(1478~1548)의 5대조였다고 한다. 그러나 오늘날까지 남은 유적과 유물의 대부분은 기묘사화로 인해 관직에서 쫓겨난 충재가 낙향해 있는 동안 일궈놓은 것이다. 충재의 종가는 마을의 큰길을 지나 서쪽 끝에 자리잡고 있다. 대문을 들어서면 사랑채 마당이고, 다시 중문을 지나야 안채에 이른다. 안채 서쪽의 유물관에는 충재일기(보물 제261호), 근사록(보물 제262호) 등의 각종 고서와 서첩, 서화 같은 귀중한 유물들이 보관되어 있다. 국가가 지정한 보물만 해도 무려 5점이나 된다. 한 집안의 유물치고는 상당히 많은 양이다.

종가 서쪽의 작은 쪽문을 통과하면 충재 유적의 정수라 할 수 있는 청암정 구역이다. 그리 넓지 않은 공간에 해묵은 느티나무가 서 있고, 한쪽에는 세 칸 규모의 서재인 '충재' 가 있다. 서재 앞에는 둥그런 인공 연못이 조성되어 있는데, 그 한복판의 거북바위 위에 청암정이 올라앉았다. 마치 커다란 거북이 등에 정자를 지고 물에서 노는 형상이다.

청암정에 오르려면 작은 돌다리를 건너야 한다. 작은 교각을 연못 속에 세

◀ 청암정 마루에서 바라본 돌다리와 서재. 뒤쪽으로 충재 종가의 일부도 보인다.
▶ 청암정의 걸린 미수 허목의 '청암수석' 현판. 청암정에는 당대 대학자들이 남긴 시액과 현판이 많다.

운 다음 긴 장대석을 놓아 만든 돌다리가 아주 멋스럽고 운치 있다. 다리를 건너 청암정의 널찍한 마루에 올라서면 삼면에서 불어오는 바람이 상쾌하기 그지없다. 또한 마루의 위치가 주변의 담보다 높아서 주변의 조망이 매우 활달하다. 아마도 주변 경관의 탐승과 풍류를 즐기는 정자의 일반적인 기능 이외에도 농사일을 감독하는 초소로서의 역할을 고려한 듯하다. 실제로 청암정 마루에서는 마을 앞의 들녘이 한눈에 들어온다. 정자에 앉아 풍류나 시회를 즐기면서도 들녘에서 일하는 '아랫것'들을 감독하기가 어렵지 않았을 성싶다.

청암점 옆의 내를 따라서 하류 쪽으로 조금만 걸어가면 석천정사에 이른다. 풍광 좋은 냇가에 자리잡은 이 정자는 충재의 큰아들 권동보가 1535년에 지었다고 한다. 건물의 전체 규모가 34칸에 이를 정도로 매우 커서 정자라기보다는 누각처럼 보인다.

석천정사의 가장 두드러진 특징은 개울가의 빼어난 경치를 누각 안으로 최대한 끌어안았다는 점이다. 개울가에 축대를 쌓은 다음 그 위에 건물을 올렸는데, 개울가 쪽으로 담을 세우지 않아서 문을 모두 열어젖히면 석천계곡의 풍광이 한눈에 들어온다. 너럭바위 사이로 흐르는 냇물과 울울창창한 솔숲이 정원이나 다름없다.

석천계곡은 시원한 물가나 숲 그늘이 그리울 즈음에 한번 찾아볼 만하다.

소나무 아래의 너럭바위에 누워 오수를 청하기도 좋고, 바짓가랑이를 걷어올린 채 탁족을 즐기기에도 안성맞춤이다. 자연 속에서 안분지족했던 옛 선비들의 풍류를 잠시나마 되살려보는 것만으로도 삶은 더 여유 있고 넉넉해진다.

여행 정보 (지역번호 054)

숙박

봉화군에는 추천할 만한 숙박업소가 별로 없다. 닭실마을에서 차로 5~10분 거리인 봉화 읍내에 궁전모텔(674-0300), 신라장(673-2049), 낙원장(673-2351) 등의 장급 여관이 많다. 때 묻지 않은 자연 속에서 하룻밤을 보내고 싶다면 석포면 대현리의 해발 800m대에 위치한 청옥산자연휴양림(672-1051, www.huyang.go.kr)이 좋겠다. 이곳은 우리나라에서

청옥산자연휴양림의 통나무집

가장 숲이 좋은 휴양림으로 꼽히는데, 특히 미끈하게 뻗은 춘양목 숲이 인상적이다. 숙박시설로는 통나무집 6동과 산림문화휴양관 1동에 총 20개의 객실이 있다.

맛집

닭실마을은 전통한과마을로도 유명하다. 마을 안의 닭실종가유과(673-9541)를 찾아가면 안동 권씨 종가에서 500여 년 동안 이어왔다는 한과의 제조 과정을 구경하거나 구입할 수 있다. 그러나 여름철에는 작업하지 않는 날이 많다. 봉화역 앞의 봉화한약우(672-1091)에서는 당귀, 천궁, 작약 등의 약재로 사육해 고기 색깔이 선명하고 맛이 담백한 '한약우'를

닭실종가유과의 한과

맛볼 수 있다. 다덕약수탕 근처의 용두식당(673-3144)은 송이돌솥밥을 연중 내놓는 집이다.

가는 길

중앙고속도로 영주IC(28번 국도) ▶▶ 영주 시내(36번 국도) ▶▶ 봉화읍 ▶▶ 읍내를 지나서 첫 고개인 비티재를 넘고 영동선 굴다리를 지나자마자 좌회전하면 닭실마을이다.

조무락골 최고의 절경으로
꼽히는 복호동폭포

크고 작은 바위마다 파릇한
이끼가 **녹색 융단**처럼 뒤덮여
있다. 철 따라 피고 지는
야생화가 오가는 사람들의
마음을 환하게 해준다. 또한
간간이 **계곡**을 건너게 되는데,
무릎까지 적시는 물은 유리처럼
투명하고 얼음처럼 차갑다.

산새들도 즐겁게 춤추는 심산유곡

가평 조무락골

　　　　　　가평군은 경기도의 '삼수갑산'이다. 화악산(1468m),
명지산(1257m), 석룡산(1147m) 등 해발 1000m 이상의 고봉들이 우뚝우뚝 솟
아 있어 강원도 백두대간의 첩첩산중 같은 분위기를 느끼게 한다. 산이 높으
면 골짜기도 깊게 마련이다. 가평천 상류가 굽이쳐 흐르는 가평군 북면에는
귀목계곡, 명지계곡, 백둔계곡, 도마치계곡, 논남기계곡, 조무락골 등의 심산
유곡이 즐비하다.

　　가평천 상류의 여러 계곡 중에서도 인적이 드물고 자연미를 고스란히 간직
한 곳으로는 조무락골이 첫손에 꼽힌다. 이 골짜기의 북쪽에는 석룡산이, 동
쪽에는 화악산 정상이 우람하게 버티고 서 있다. '조무락鳥舞樂'이라는 지명
도 골짜기가 깊고 숲이 울창해 '새들이 즐겁게 춤을 추는 곳'이라는 뜻에서
붙여졌다.

　　가평 읍내에서 75번 국도를 타고 30km쯤 달리면 가평군의 맨 북쪽 마을
인 북면 적목리에 이른다. 이 적목리의 '38교'에서부터 조무락골의 비경이
시작된다. 38교를 건너자마자 우회전하면 조무락골로 들어가는 산길에 접어
든다. 길의 초입은 콘크리트 포장도로이지만, 이내 울퉁불퉁한 비포장도로로
바뀐다. 찻길과 물길이 나란히 이어지는 덕택에 마음까지 상쾌하게 해주는
물소리가 시종 끊이질 않는다. 물가에는 자리를 펴고 앉아 무더위를 식힐 만
한 공간도 군데군데 있다.

　　38교에서 1km쯤 들어가면 3가구의 민가가 100~200m의 간격으로 연이
어 나타난다. 한때는 이 골짜기에도 50~60여 가구의 주민들이 모여서 화전
을 일구며 살았다고 한다. 지금도 조무락골에서는 옛 집터와 밭이 있었던 낙
엽송 숲이 여기저기 눈에 띈다.

　　마지막 민가에서 조무락골 최고의 절경인 복호동(복호등, 복회동)폭포까지
의 거리는 약 1.7km이다. 길의 경사가 완만하고 소요시간도 왕복 2시간이면

◀ 조무락골의 시원스런 계류와 파릇한 이끼　▶ 복호동폭포 아래 물가에서 한가로이 쉬는 가족들

충분하기 때문에 온 가족이 트레킹을 즐기기에 안성맞춤이다.

마지막 민가부터는 비포장 찻길이 끝나고 조붓한 오솔길이 이어진다. 대낮에도 한줄기의 햇살조차 들어오지 않을 정도로 나무가 울창하고 땅이 습하다. 그래서인지 크고 작은 바위마다 파릇한 이끼가 녹색 융단처럼 뒤덮여 있다. 철 따라 피고 지는 야생화가 오가는 사람들의 마음을 환하게 해준다. 또한 간간이 계곡을 건너게 되는데, 무릎까지 적시는 물은 유리처럼 투명하고 얼음처럼 차갑다. 물가 바위에 걸터앉아서 계류에 발을 담근 채 더위와 피로를 씻는 등산객들의 모습이 퍽 한가로워 보인다.

땅에 엎드린 호랑이 형상의 독바위를 뒤로하고 10여 분쯤 더 올라가면, 복호동폭포 입구 삼거리에 당도한다. 여기서 곧장 직진하면 석룡산 정상으로 오르는 길이다. 그리고 오른쪽 길로 약 100m쯤 들어간 곳에는 냉기를 뿜어내며 쏟아지는 복호동폭포가 있다. 높이 30m의 암벽을 타고 삼단으로 떨어지는 폭포수에서 뽀얀 물보라가 피어난다.

시간과 체력의 여유가 있다면, 폭포 입구에서 2.9km 거리인 석룡산 정상에 올라볼 만하다. 정상에 서면 조망이 비할 데 없이 상쾌하고 아름다워서 자신도 모르게 감탄사를 연발한다. 북쪽으로는 백운산, 도마치봉, 백운산과 화천군 사내면 일대가 한눈에 들어온다. 동북쪽으로는 전방고지인 대성산과 백암산이 빤히 건너다보인다. 이토록 탁월한 조망을 누리는 것만으로도 세상을 다 끌어안은 듯한 통쾌함과 성취감을 맛볼 수 있다.

여행 정보 (지역번호 031)

숙박

조무락골 안의 세 민가 중 첫 집인 조무락(582-6060, www.kapyong.co.kr)은 펜션형 숙소와 식당을 갖춘 민박집이다. 독특한 외관의 건물 주변에는 갖가지 허브식물과 야생화가 자라고, 시원한 물가에는 평상과 쉼터가 마련되어 있다. 식사 메뉴로는 토종닭백숙, 허브삼겹살, 된장찌개 등이 있다. 조무락골 초입인 38교 근처에는 하얀집펜션(581-8885, www.jomurakgol.com)이 자리잡고 있다.

맛집

가평읍에서 조무락골로 가는 75번 국도가 지나는 북면 이곡리의 명지쉼터가든(582-9462)은 밀가루와 잣을 섞어 면발을 뽑은 잣냉국수 전문점이다. 그 밖에 가평 읍내에 자리한 신흥막국수(582-2031)는 가평 토박이들이 알아주는 막국수집이고, 마산집(582-2053)은 오랜 내력을 지닌 민물매운탕 전문점이다.

'조무락'의 허브삼겹살과 토종닭백숙

가는 길

경춘국도(=46번 국도) ▶▶ 가평읍(75번 국도) ▶▶ 북면소재지(=목동리) 경유 ▶▶ 백둔계곡 입구(직진) ▶▶ 38교(다리 건너자마자 우회전) ▶▶ 조무락골

풍광 좋은 오대천에서의 스릴 넘치는 래프팅

07

물빛 맑고 풍광 빼어난 래프팅의 명소

평창 오대천

가파른 산자락과 천태만상의 기암괴석, 크고 작은 소와 폭포가
연이어 나타나는 오대천 풍광은 선경인 듯 아름답다. 더욱이 봄에는
수달래가 곱게 피어나고, 여름철에는 짙푸른 녹음이 시원스럽다.
가을날의 오색단풍과 한겨울의 설경도 보는 이들의 넋을 빼놓는다.

오대산은 어머니 같다. 산세가 부드럽고 숲이 깊어서 늘 편안하고 아늑하다. 설악산과 멀지 않은데도, 전체적인 느낌과 지세는 머나먼 남녘의 지리산을 닮았다. 우리나라 불교에서 오대산은 이른바 오대신앙의 성지이기도 하다. 신라 선덕여왕 때 자장율사가 상원사를 창건한 이래로 문수보살이 1만의 권속과 함께 살고 있는 곳으로 여겨져 왔다. 심한 등창으로 고생하던 조선의 세조가 휴양하러 왔다가 문수보살을 친견했다는 전설도 전해온다.

오대산에는 동대 관음암, 서대 염불암(수정암), 중대 사자암, 남대 지장암, 북대 미륵암 등 다섯 암자가 있다. 그중 장령봉 아래에 자리한 염불암은 한 스님이 홀로 수행하는 너와집 암자이다. 길도 험하고 이정표조차 없어서 찾아가기가 쉽지 않다. 물론 수행중인 스님도 행인들의 발길을 달가워하지 않는다. 그래도 애써 그곳을 찾는 까닭은 우통수于筒水 때문이다. 더욱이 그곳으로 가는 숲길의 운치가 아주 그윽하다. 염불암 입구의 우통수는 우리나라에 근대 측량술이 도입되기 전까지 한강의 발원지로 알려졌던 샘이다. 『삼국유사』에도 오대신앙을 정착시킨 신라 보천태자가 매일 우통수에서 길어온 물로 차를 끓여 부처님께 공양했다는 기록이 있다.

우리 선인들에게 우통수 샘물은 신령스럽고도 특별한 물이었다. 무거워서 다른 물과 섞이지 않은 채 한강의 밑바닥 가까이로 흐른다고 믿었다. '한중수漢中水' 또는 '강심수江心水'라 불리는 이 물은 보통 물보다 몇 배나 더 비싼 값에 팔렸다고 한다. 또한 우통수 물은 속리산의 삼타수, 충주의 달래강 물과 함께 조선 제일의 명수로 꼽혔다. 1500년가량의 역사를 간직한 우통수에서는 지금도 맑고 시원한 샘물이 솟는다. 그러나 이젠 더 이상 한강의 시원이 아니다. 한강의 실핏줄처럼 많은 지류 중 하나일 뿐이다.

우통수 물은 오대산의 여러 골짜기에서 흘러내린 계류와 합해져 오대천을

◀ 오대산의 염불암 입구에 위치한 우통수. 오대천의 물길이 시작되는 샘이다.
▶ 청심대에서 바라본 오대천과 59번 국도. 오대천에서 견지낚시를 즐기는 사람들도 보인다.

형성한다. 하진부를 지나면서부터 제법 강줄기다운 면모를 갖춘 오대천의 물길은 59번 국도와 나란히 달린다. 하진부에서 7km쯤 떨어진 진부면 마평리 국도변에는 청심대淸心臺가 있다. 조선 태종 때 강릉부사 양수인이 부임을 마치고 한양으로 돌아가자, 그의 애첩 청심이 뒤쫓아왔다가 몸을 던졌다는 전설이 서린 바위이다. 이곳에 올라서면 어깨를 맞대고 오대천과 59번 국도가 고스란히 시야에 들어온다. 정자가 세워져 있어서 서늘한 산바람, 강바람을 맞으며 잠시 쉬어 가기도 좋다.

마평리를 지나온 오대천의 물살은 더욱 거세진다. 남쪽의 백석산(1346m)과 가리왕산(1560m), 북쪽의 박지산(1391m)과 발왕산(1458m) 사이로 흐르는 물길이 긴 협곡을 만들어낸 탓이다. 그러니 여느 강변 길에서와 같은 장쾌한 기분을 느끼기는 어렵다. 하지만 가파른 산자락과 천태만상의 기암괴석, 크고 작은 소와 폭포가 연이어 나타나는 오대천 풍광은 선경인 듯 아름답다. 더욱이 봄에는 수달래가 곱게 피어나고, 여름철에는 짙푸른 녹음이 시원스럽다. 가을날의 오색단풍과 한겨울의 설경도 보는 이들의 넋을 빼놓는다.

그렇다고 찻길을 따라가며 눈요기하는 것만으로는 성에 차질 않는다. 굽이굽이 흘러가는 강물에 몸을 띄워봐야 오대천의 진면목을 알 수 있다. 물살이 빠르고 풍광이 수려한 오대천은 래프팅의 명소로 이름나 있다. 5월부터 9월 사이에 주말과 휴일만 되면 울긋불긋한 고무보트의 행렬이 줄을 잇는다. 구성원의 나이와 체력에 따라 다양한 코스를 선택할 수 있지만, 가장 역동적이고 스릴 넘치는 장전교~ 숙암교 간의 C코스는 2시간가량이 소요된다.

여행 정보 _(지역번호 033)

숙박

59번 국도가 지나는 진부면 수항리에는 독채형 통나무집 펜션인 '달과 물안개'(011-366-1177, www.moonfog.net)가 있다. 동쪽의 산 능선 위로 두둥실 떠오르는 달과 오대천 물길 위에 몽실몽실 피어오르는 물안개가 인상적인 곳이다. 진부와 정선군 북평면 나전리 사이의 59번 국도 주변에는 스노우힐펜션(010-3286-0077), 황토마을(333-9232), 마평관광농원(332-0368), 물소리바람소리(563-8585), 아라리모텔(563-8000) 등의 숙박업소가 있다.

맛집

진부면 송정마을에 자리한 메밀촌(336-3310)은 국산 메밀로 만든 메밀묵, 메밀전병, 메밀부침, 메밀국수 등의 메밀요리와 수육이 맛있는 집이다. 월정사 입구의 상가지구에 밀집한 산채전문점들 중에서는 오대산통일식당(333-8855)이 가장 권할 만하다. 그리고 진부면 면소재지의 부일식당(335-7232)과 부림식당(335-7576)도 널리 소문난 산채정식집이다.

레저

오대천의 래프팅코스는 업체마다 조금씩 차이가 있지만, 대체로 막동교~ 화의교 구간(4km, 1시간 30분~2시간)의 A코스, 화의교~장전교 구간(3km, 1시간)의 B코스, 장전교~숙암교 구간(5km, 2시간)의 C코스로 나뉜다. 1인당 요금은 어른 3만 원, 어린이 2만 5000원이다.
■ 문의 · 오대산레저(335-6623), 오대천레저(651-0696), 사람과자연(335-3330) 등

가는 길

영동고속도로 진부IC(59번 국도, 정선 방면) ▶▶ 하진부 ▶▶ 청심대 ▶▶ 백석폭포 ▶▶ 북평 나전삼거리(오대천의 종점)

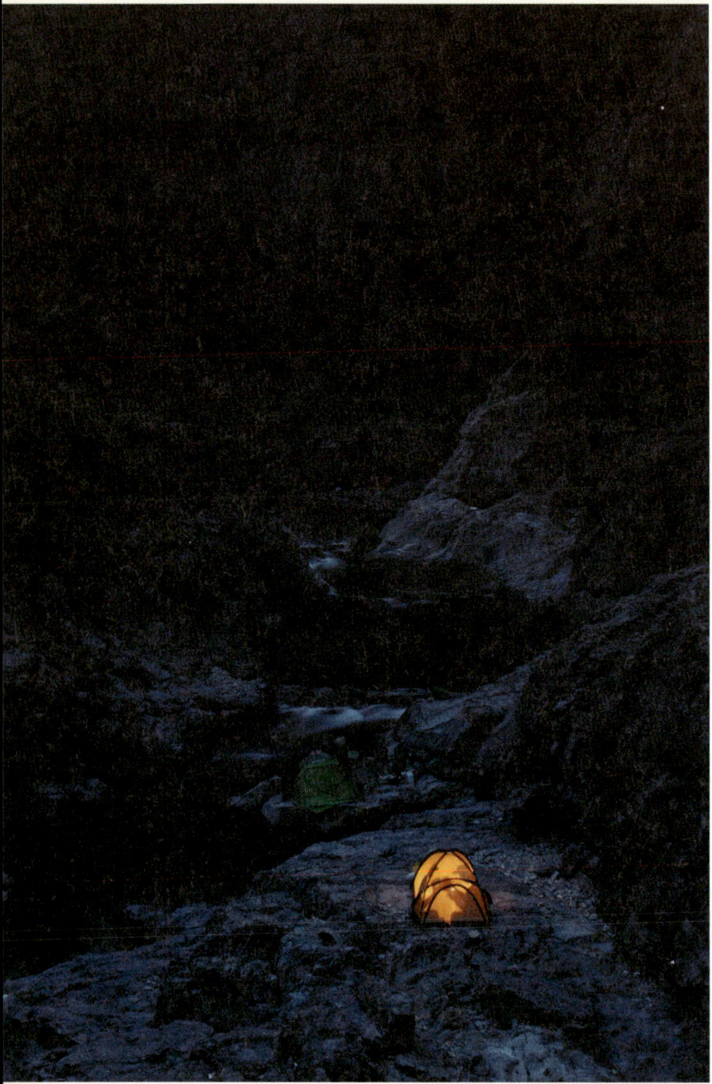

07

둘째주

옥계계곡 옥녀교 부근의
너럭바위에서 캠핑을 즐기는 사람들

동해바다와 맞닿은 청정계곡

영덕 옥계계곡

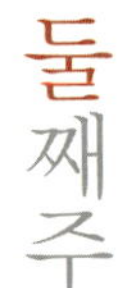

이 계곡은 물속에서 노니는 고기 떼와 바닥에 깔린 자갈이 마치 어항 속의 그것처럼 훤히 들여다보일 정도로 물빛이 깨끗하다. 물가에는 칼로 자른 듯한 **바위절벽**이 우뚝하고, 절벽 아래에는 물살에 깎이고 패여서 만들어진 동굴이 군데군데 있다.

흔히들 '영덕'이라고 하면 대게를 가장 먼저 떠올린다. 영덕대게의 본고장은 강구항이다. 영덕의 젖줄 오십천의 하구에 위치한 포구여서 그런 지명이 붙었다. 강구항에서 오십천 물길을 거슬러 오르면 영덕군의 속살을 고스란히 엿볼 수 있다. 해마다 4월 중순경이면 온통 황홀한 무릉도원으로 탈바꿈하는 영덕군 지품면의 복숭아밭도 이 오십천변에 몰려 있다.

오십천 상류에는 포항 하옥계곡과 청송 얼음골이 있다. 두 골짜기의 물길이 하나로 합해지는 곳이 영덕군 달산면의 옥계계곡이다. 이 계곡은 물속에서 노니는 고기 떼와 바닥에 깔린 자갈이 마치 어항 속의 그것처럼 훤히 들여다보일 정도로 물빛이 깨끗하다. 물가에는 칼로 자른 듯한 바위절벽이 우뚝하고, 절벽 아래에는 물살에 깎이고 패여서 만들어진 동굴이 군데군데 있다. 침수정이라는 정자에 올라서면 동양화 한 폭을 옮겨놓은 것처럼 아름답고도 절묘한 풍광의 옥계계곡이 한눈에 들어온다.

옥계계곡의 가장 큰 매력은 인접한 두 계곡과의 연계성이 뛰어나다는 점이다. 옥계계곡과 두 계곡 사이에는 물길과 찻길이 나란히 이어지기 때문에 서로 왕래하기가 수월하다. 옥계계곡이 너무 분주한 경우에는 호젓한 하옥계곡으로 들어가고, 좀더 색다른 정취와 분위기를 즐기고 싶을 때는 얼음골로 자리를 옮기면 된다. 특히 길이가 12km에 이르는 하옥계곡은 때묻지 않은 비경과 널찍한 야영지가 많아서 물놀이나 오토

우뚝한 바위절벽과 맑은 계류가 아름답게 조화된 옥계계곡

동해바다가 장쾌하게 조망되는 영덕읍 창포리 언덕의 풍력발전단지

캠핑을 즐기기에 안성맞춤이다.

옥계계곡을 찾아간 김에 사시사철 매력 넘치는 포구인 강구항을 빼놓을 수 없다. 강구항에서 축산항과 대진포구를 거쳐 영해에 이르는 20번 국가지원지방도(옛 918번 지방도)는 흔히 '강축해안도로'라 불리는데, 우리나라에서 가장 아름다운 해안드라이브코스 중의 하나로 손꼽힌다. 줄곧 오른쪽 차창 밖에 펼쳐지는 쪽빛 동해바다가 가슴을 뻥 뚫리게 해주고, 해안도로를 굽이 돌 때마다 불쑥 나타났다가 촘촘히 사라지는 갯마을들의 풍경은 고향처럼 아늑하고 정겹다.

강축해안도로가 지나는 영덕군 영덕읍 창포리의 언덕에는 해맞이공원이 조성되어 있다. 하얀 창포등대 주변에는 장엄한 해돋이와 코발트블루 빛깔의 동해바다를 감상하기에 좋은 전망대도 마련돼 있다. 또한 이 공원 부근의 산 등성이에는 최근 풍력발전단지가 들어섰다. 바다가 보이는 '바람의 언덕'에서 쉼없이 돌아가는 24기의 풍차가 이국적인 정취를 물씬 풍긴다.

여행 정보 (지역번호 054)

숙박

옥계계곡 침수정 주변에는 덕성식당(732-3894), 옥계식당(732-3801) 등 민박집을 겸한 음식점이 몇 집 있다. 하옥계곡에서는 하옥산장(262-7885)이 권할 만한데, 이 집은 오리고기와 돼지고기 숯불바비큐를 잘하기로도 소문나 있다. 강구항이 한눈에 들어오는 삼사해상공원 일대에는 동해해상호텔(733-5445), 글로리모텔(733-6450), 삼사파크(733-3001) 등이 있고, 강축해안도로변에는 파라다이스모텔(734-1320), 화이트하우스펜션(733-4321) 등의 숙박업소가 많다.

하옥산장의 바비큐 모듬구이

맛집

강구항 일대에 빼곡하게 들어찬 횟집과 음식점들은 대부분 대게 전문점이다. 하지만 금어기(매년 6월 1일~10월 31일)에는 영덕대게 대신에 북한이나 러시아 등지에서 수입된 대게만 맛볼 수 있다. 그 밖의 맛집으로는 화림산가든(영덕읍 화개리, 은어회, 734-1077), 덕성식당(삼사해상공원 옆, 전복물회, 733-9934), 대구갈비(영해 읍내의 수협 맞은편, 한우갈비, 732-0328), 동해별미식당(영덕읍 우곡리, 생선매운탕, 733-0292) 등이 추천할 만하다.

영덕대게와 비슷한 북한산 대게

가는 길

중앙고속도로 서안동IC(34번 국도) ▶▶ 안동(35번 국도) ▶▶ 길안(914번 지방도) ▶▶ 청송(31번 국도) ▶▶ 청운리 삼거리(914번 지방도, 주왕산 방면) ▶▶ 부동 ▶▶ 피나무재 ▶▶ 설티삼거리(우회전) ▶▶ 옛 내룡초교 삼거리(932번 지방도, 좌회전) ▶▶ 청송 얼음골 ▶▶ 옥계계곡(69번 지방도) ▶▶ 홍기리(우회전) ▶▶ 진등재 ▶▶ 강구항(20번 지방도) ▶▶ 축산 ▶▶ 대진

삼여전망대에서 바라본 서산리 삼여. 욕지도 제일의 절경으로 꼽힌다.

07

무심한 바다, 고요한 길에서 마음을 비우다

통영 욕지도

항구를 벗어나자마자 눈앞에 펼쳐지는 욕지도의 풍광은
기막히게 아름답고 웅장했다. 이토록 아름다운 섬이 외부에
널리 알려져 있지 않다는 사실이 의아할 정도였다.
그러니 얼마쯤의 불편함과 불만은 금세 까마득히 잊혀졌다.

섬에서는 주어진 여건에 빨리 적응해야 한다. 모자라거나 불편한 점들은 가급적 덮고, 그곳만의 매력 찾기에 열중하는 것이 좋다. 그러지 않으면 심신이 고달프다. 시간의 흐름도 더디게 느껴져 '일각—刻이 여삼추如三秋'다. 하지만 인위적이든 자연적이든 모든 여건들을 긍정적으로 받아들이면 몸과 마음이 자유로워진다. 두 번의 욕지도 여행을 통해서 내 나름대로 터득한 섬 여행의 비법이다.

욕지도는 39개의 섬으로 이루어진 연화열도의 중심지이다. 욕지면의 면사무소가 있고, 일제시대에 이미 어업전진기지로 개발된 곳이기도 하다. 그런데도 예닐곱 해 전쯤 욕지도를 처음 찾았을 때는 불편한 점들이 많았다. 대부분의 도로는 울퉁불퉁한 흙길이었고, 노선버스나 택시도 없었으며 번듯한 숙박업소도 찾을 수가 없었다.

항구를 벗어나자마자 눈앞에 펼쳐지는 욕지도의 풍광은 기막히게 아름답고 웅장했다. 이토록 아름다운 섬이 외부에 널리 알려져 있지 않다는 사실이 의아할 정도였다. 그러니 얼마쯤의 불편함과 불만은 금세 까마득히 잊혀졌다. 흙먼지 폴폴 날리는 길도, 두 다리로 걸어다닐 수밖에 없는 불편함도, 낡고 옹색한 민박집도 전혀 흠이 되지 않았다. 천혜의 자연미를 유지해 온 요인 중의 하나일 거라고 생각하니, 그런 불편함이 오히려 고맙기까지 했다. 오랜만에 다시 찾은 욕지도는 크게 달라진 것이 없었다. 관광객들의 수가 부쩍 늘었고, 일주도로가 확장되었다는 사실 정도가 눈에 띄는 변화였다.

면적이 14.5km², 해안선 길이가 31km인 욕지도의 법정 리里는 동항리와 서산리 두 곳뿐이다. 저마다 다른 이름을 가진 30여 개의 마을이 동북쪽의 동항리와 서남쪽의 서산리로 단순하게 정리된 것이다. 여러 마을을 둘러보는 일도 퍽 단순하다. 대부분 일주도로 근처에 위치하기 때문이다.

욕지도에는 총 길이가 약 16km에 달하는 일주도로가 개설되어 있다. 오

◀ 바닷가 언덕 위로 몇 채의 민가와 소박한 교회가 자리잡은 유동마을
▶ 큰솔구지마을의 일주도로에서 바라본 해돋이

가는 차들이 많지 않을뿐더러 시종 쪽빛 바다와 오롱조롱한 섬들을 바라보며 달릴 수 있어서 드라이브를 즐기기에도 좋다. 그 길을 따라가다가 아무 데나 차를 멈추면 그곳이 바로 바다전망대이다. 어디서나 한려수도의 깨끗한 바다와 올망졸망 떠 있는 섬들이 한눈에 들어온다.

욕지도에는 널리 알려진 명소가 별로 없다. 하지만 일주도로를 따라 찬찬히 둘러보면 오래도록 기억될 만한 풍광이 곳곳에 산재한다. 어디서나 볼 수 있는 연화열도의 많은 섬들, 큰솔구지마을에서의 장엄하고도 화려한 해돋이, 내촌마을과 외촌마을의 천지간을 불사르는 낙조, 유동마을의 언덕에 서 있는 소박한 교회, 해금강의 일부를 옮겨놓은 듯한 삼여三礖……. 그중에서도 서산리 삼여마을의 삼여는 욕지도의 대표적인 승경이다. 까마득한 해안절벽과 시퍼렇게 일렁이는 바다, 그리고 수면 위로 뾰족이 솟아오른 세 개의 여(물에 반쯤 잠긴 바위)가 한데 어우러져서 독특한 풍치를 연출한다.

욕지도에는 백사장이 드물다. 유동, 덕동, 흰작살 등의 해수욕장도 다양한 크기의 갯돌이 깔린 몽돌해변이다. 300m가량의 아담한 몽돌해변을 품은 덕동해수욕장은 욕지도에서 가장 인기 있는 피서지이다. 해수욕장의 앞바다에 여러 섬들이 떠 있어서 물결이 잔잔하고 풍광이 아름답다. 게다가 파도와 몽돌이 쉴없이 부딪치고 쓸리면서 쏟아내는 해조음이 듣기 좋다. 캄캄한 밤에

들리는 해조음은 객창감을 불러일으키기도 한다. 마침 구름 한 점 없는 밤이
라면, 밤하늘에 초롱초롱한 별빛과 밤새도록 멈추지 않는 파도 소리가 바다
의 정취를 더욱 깊고 그윽하게 돋워준다.

여행 정보 (지역번호 055)

숙박

욕지항 주변에 해양레저민박(642-5129), 부산여관(642-5209), 미진장(644-8890), 유정여관
(644-3383), 해송민박(642-6740) 등의 숙박업소가 많다. 그중 해양파출소 뒤쪽에 위치한 해
양레저민박은 근래 지어져서 깔끔하고 TV, 에어컨, 화장실, 싱크대 등의 시설이 잘 갖춰져
있다. 그 밖에 유동마을의 느티나무민박(645-1244), 덕동해수욕장 부근의 덕동슈퍼민박
(642-6515)과 고래머리관광농원(641-6089), 도동마을의 도동민박(644-6316), 목과마을의 흰
작살민박(011-9523-7000) 등도 괜찮은 민박집들이다.

맛집

욕지항 선착장 근처에는 뱃머리횟집(643-5850), 늘푸른횟집(642-6777) 등을 비롯해 횟집이
많다. 어느 집을 찾아가나 메뉴, 맛, 가격은 크게 차이 나지 않는다. 대부분의 민박집에서
도 식사를 차려준다. 그리고 욕지항에는 농협 하나로마트, 식육점, 슈퍼 등의 상점이 많아
서 부식이나 반찬거리를 구입하기가 쉽다.

가는 길

여객선 사람만 탈 경우에는 통영여객선터미널↔욕지도 간을 운항하는 욕지호(641-6183),
승용차를 갖고 들어갈 때는 삼덕항(통영 미륵도)↔욕지도 항로를 오가는 욕지호(삼덕 641-
3560, 욕지 641-6183)나 욕지금룡호(삼덕 643-8973, 욕지 641-3734)를 이용하는 것이 좋다. 삼
덕항이 훨씬 더 가깝다.
섬내 교통 욕지도에서는 대중교통을 이용하기가 불편하다. 한 대뿐인 시내버스(644-6316)는
주로 여객선의 도착시간에 맞춰 운행한다. 택시는 아예 한 대도 없다. 그러므로 가급적이
면 차를 싣고 들어가는 게 좋다.

얼음처럼 시원한 계류가 흐르는 돈내코 계곡

07

넷
째
주

오감을 즐겁게 하는 원시의 숲

서귀포 돈내코계곡

숲속의 산책로에는 천상의 계단처럼 아름답고 운치 있는
나무데크가 깔려 있다. 이 멋진 산책로를 소요하다 보면
맑은 새소리와 물소리가 끊임없이 들려올 뿐만 아니라
원시림 특유의 **청신한 기운**이 온몸으로 느껴진다.

화산섬 제주도의 자연은 퍽 낯설고도 독특하다. 그 속내를 알면 알수록 오묘한 신비감마저 느껴진다. 그래서 늘 새롭고 신선하다. 평소에는 물 한 방울 흐르지 않다가도 비만 오면 급류가 흘러내리는 건천乾川 역시 제주도가 아니면 보기 어려운 자연지형의 하나다.

제주도의 하천과 계곡은 대부분 구멍이 숭숭 뚫린 현무암으로 뒤덮여 있다. 적은 양의 물줄기는 그 흐름을 이어가지 못하고 금세 바닥으로 스며들어 버리고 만다. 그래서 제주도에서는 항상 물이 흐르는 계곡이 흔치 않다. 그러나 서귀포 시내 북쪽의 돈내코계곡은 다르다.

돈내코계곡은 효돈천의 중상류에 형성된 계곡이다. 한라산의 남쪽 기슭에서부터 시작된 효돈천 물길은 돈내코를 거쳐 남쪽으로 흐르다가 서귀포시 하효동의 쇠소깍에서 태평양의 너른 품에 안긴다. 이 효돈천은 한라산의 남쪽에서는 가장 긴 하천이기도 하다.

천혜의 자연풍광이 아름답고 생태환경이 좋은 돈내코계곡은 1년 내내 계류가 흐른다. 더욱이 물빛은 유리처럼 깨끗하고 얼음처럼 차가운 데다 수량까지 풍부해서 제주도의 계곡 중 으뜸으로 손꼽힌다. 주민들에게는 여름철의 물맞이 장소로도 인기가 높다. 특히 백중날(음력 7월 보름날) 이 계곡의 폭포수를 맞으면 신경통이 낫는다는 속설이 있어서 많은 사람들이 몰려들기도 한다.

돈내코라는 지명은 '돈 내고'라는 의미가 아니다. '멧돼지(돈)들이 물을 먹던 하천(내)의 입구(코)'라는 뜻이다. 이 계곡은 옛날부터 워낙 골짜기가 깊고 숲이 울창해서 야생 멧돼지가 많았다고 한다. 멧돼지가 자취를 감춘 오늘날에도 여전히 숲은 울창하고 계곡물은 투명한 옥빛이다.

돈내코계곡을 찾아가기는 아주 쉽다. 계곡 입구까지 널찍한 왕복 4차선 아스팔트 도로가 개설되어 있다. 제1횡단도로와 제2산록도로 사이를 곧장 이어주는 이 도로변에 '돈계곡산장'이 자리잡고 있는데, 그 앞의 간이주차장

◀ 뽀얀 물안개가 피어오르는 돈내코계곡의 원앙폭포　▶ 돈내코계곡의 울창한 원시림 속에 개설돼 있는 산책로

에 차를 세워두고 10여 분쯤 걸어가면 돈내코계곡 제일의 절경이라는 원앙폭포에 이른다. 높이가 5m 정도 되는 이 폭포는 높거나 크지는 않지만, 한 쌍의 원앙처럼 사이좋게 쏟아지는 폭포수가 뽀얀 물안개를 연신 피워올림으로써 환상적인 분위기를 연출한다.

계곡 입구에서 원앙폭포까지 가는 길도 퍽 인상적이다. 붉가시나무, 구실잣밤나무, 멀구슬나무, 예덕나무 등 이름조차 생소한 난대성 상록수들이 계곡을 뒤덮고 있다. 한란자생지(천연기념물 제432호)로도 알려진 이 숲은 지난 2003년 '제4회 아름다운 숲 전국대회'에서 최우수상을 받기도 했다. 대낮에도 어둑할 정도로 울창한 숲속의 산책로에는 천상의 계단처럼 아름답고 운치 있는 나무데크가 깔려 있다. 이 멋진 산책로를 소요하다 보면 맑은 새소리와 물소리가 끊임없이 들려올 뿐만 아니라 원시림 특유의 청신한 기운이 온몸으로 느껴진다. 오감五感이 즐겁고 마음과 발길조차 저절로 가벼워지는 숲길이다.

돈내코계곡을 거쳐온 효돈천의 물길이 바다와 만나는 지점에는 쇠소깍이 있다. 제주 토박이들 중에서도 아는 사람이 흔치 않은 비경이다. 미국의 그랜드캐니언을 축소해 놓은 듯한 작은 협곡이 있고, 그 하류 쪽에는 어항처럼 속이 훤히 들여다보일 정도로 물빛 깨끗한 못이 있다. 못 주변의 암벽에는 갖가지의 상록수와 소나무가 울창하게 자라고 있어서 '비밀의 호수' 같은 분위기를 풍긴다. 검은 모래가 깔린 해변의 풍광도 퍽 독특해서 은밀한 파라다이스에 온 듯한 느낌이다.

여행 정보 (지역번호 064)

숙박

계곡 입구의 큰길 건너편에는 주차장, 세면장, 급수대, 취사 시설 등을 갖춘 돈내코야영장(733-1584)이 있다. 서귀포시 보목동 해안도로변에 자리잡은 유로리조트펜션(763-1003)은 수영장, 산책로, 매점, 식당 등의 다양한 편의시설을 갖춘데다 객실에서도 한눈에 들어오는 바다의 풍경이 인상적이다.

해찬들리조트 전경

돈내코계곡의 위쪽으로는 한라산 남쪽 산허리를 시원스레 달리는 제2산록도로(1115번 지방도)가 지난다. 이 길을 따라 서쪽으로 달리면 핀크스골프장 입구를 지나 서부관광도로(95번 국도)에 들어선다. 핀크스골프장 근처 초원에 자리잡은 해찬들리조트(792-8888)는 대자연을 벗삼아 조용하게 쉴 수 있는 곳이다. 잘 꾸며진 정원도 아름답고 바비큐장, 캠프파이어장, 골프연습장, 식당, 매점, 어린이놀이터 등의 부대시설도 거의 완벽하게 갖춰져 있다.

맛집

돈내코야영장 건너편에 위치한 한라성(732-9041)은 꿩요리 전문점이다. 꿩 한 마리를 육회, 샤브샤브, 꿩메밀국수 등으로 맛볼 수 있는 '꿩 한 마리 코스'가 인기 있다. 서귀포 시내의 동화장모텔 부근의 대우정(733-0137)은 따끈한 오분자기돌솥밥과 해물돌솥밥이 맛있는 집이다. 그 밖에 해궁미락(갈치요리, 732-5577), 삼보식당(옥돔구이, 763-3620) 등의 맛집이 있다.

가는 길

서귀포(11번 국도=5·16도로, 제주 방면) ▶▶ 토평공업단지 입구 ▶▶ 돈내코 계곡 입구(표지판 있음)

밀물 때의 선유도 내만과
망주봉. 바다가 호수처럼
잔잔하고 편안하다.

고군산군도의 서쪽 바다와
하늘을 불사르는 듯한
선유도의 일몰은 화려함을
넘어 장엄하기까지 하다.
선유도해수욕장에서도
감상하기 좋지만,
특히 망주봉 정상에서
바라보는 해넘이는
일생일대의 장관이다.

네 개의 섬에서 즐기는 '신선놀음'

군산 선유도

　　　　선유도는 나의 첫 섬 여행지였다. 그곳을 처음
찾은 20여 년 전만 해도 쉽게 드나들 수 있는 섬은 아니었다. 정기여객선도
뜸했거니와 물때가 맞지 않을 경우에는 아예 결항하기 일쑤였다. 그러나 지
금은 주말과 휴일마다 서울 손님들이 대거 몰려드는 당일 여행지로 탈바꿈했
다. 하지만 하룻밤 이상 머무르지 않은 섬 여행은 여행이 아니다. 섬에서는
낮의 풍경보다도 밤의 정취가 더 매혹적이기 때문이다.

　선유도는 고군산군도의 일원이다. 선유도를 비롯해 야미도, 신시도, 대장
도, 장자도, 무녀도, 방축도, 말도, 횡경도, 비안도 등 무려 63개의 섬들이
모여 고군산군도를 이룬다. 바다에 올망졸망 떠 있는 섬들이 떼 지어 있는
산처럼 보여서 그런 지명이 붙었다. 섬들이 하도 많다보니 바다가 섬을 에워
싼 게 아니라 섬들이 바다를 껴안은 듯하다.

　군산항에서 선유도까지의 뱃길은 약 50km. 굵직한 산맥의 연봉 같은 군
도를 1시간 30분가량 항해하면 선유도 선착장에 닿는다. 선유도와 인근 무
녀도, 장자도, 대장도 사이에는 다리가 놓여 있어서 피서객들이 몰리는 성수
기에도 어딘가 사람 피할 만한 곳은 있게 마련이다.

　선유도에는 자동차가 다니지 않는다. 차량 통행이 가능할 정도로 넓고 큰
다리와 도로도 없다. 그러니 자전거를 타고 다니기에 아주 제격이다. 딱히
정해진 목적지 없이 무작정 자전거 페달을 밟아도 된다. 얼마쯤 흙길과 숲길
을 지나고, 작은 다리를 하나 건너면 또 하나의 섬이나 마을에 당도한다.

　선유도 여행의 베이스캠프는 선유도의 진리마을(진말, 선유2구)이다. 고운
모래가 깔려 '명사십리'로도 불리는 선유도해수욕장과 맞닿아 있고, 진안
마이산의 암봉을 닮은 망주봉이 빤히 바라보이는 마을이다. 선착장, 학교,
우체국, 보건소, 파출소, 민박집, 식당, 자전거 대여점, 슈퍼, 모텔, 노래방,
야영장 등이 밀집돼 있어서 피서철에는 조금 번잡하다.

◀ '명사십리' 라고도 불리는 선유도해수욕장. 선유팔경 중 하나이다.
▶ 선유2구(진리마을)에서 바라본 별밤. 숱한 별들이 망주봉 위의 북극성을 중심으로 둥그런 궤적을 그렸다.

선유도에도 선유팔경이 있다. 큰비가 내릴 때 망주봉 암벽을 타고 예닐곱 가닥으로 쏟아지는 망주폭포, 선유도해수욕장의 황홀한 일몰을 가리키는 선유낙조, 무녀도의 3개 무인도 사이로 고깃배가 돌아오는 삼도귀범, 장자도 밤바다의 고깃배 불빛을 일컫는 장자어화, 금빛 모래가 깔린 선유도해수욕장의 명사십리, 고군산군도의 12개 봉우리가 춤을 추는 것 같다는 무산12봉, 신시도의 월영봉(199m)을 오색으로 물들이는 월영단풍, 기러기가 내려앉은 듯한 형상의 모래톱인 평사낙안이 이에 속한다.

선유도에서는 해넘이를 놓쳐서는 안 된다. 고군산군도의 서쪽 바다와 하늘을 불사르는 듯한 선유도의 일몰은 화려함을 넘어 장엄하기까지 하다. 선유도해수욕장에서도 감상하기 좋지만, 특히 망주봉 정상에서 바라보는 해넘이는 일생일대의 장관이다. 신선이 노닐 정도로 아름다운 섬 선유도의 전경을 조망하려면 대장도의 대장봉에 올라야 한다. 선유도 전경을 찍은 사진의 포인트이기도 하다. 이 섬에는 서울로 떠난 지아비를 기다리다 돌이 되었다는 전설을 간직한 할매바위, 길이 30m의 작은 몽돌해변도 있다. 몽돌밭 근처의 바위틈에서는 실낱같은 석간수가 흘러내린다. 이런 대장도는 잠시나마 선유도해수욕장의 번잡함에서 벗어나고 싶을 때 둘러볼 만하다.

선유도와 대장도 사이에는 장자도가 징검다리처럼 놓여 있다. 마을 하나가 거의 섬 전체를 차지한다. 하지만 고군산군도가 황금어장으로 이름 높던 시절에는 어업전진기지였다고 한다. 지금도 석유저장시설, 발전소, 방파제 등 당시의 영화를 짐작케 하는 자취들이 남아 있다. 이처럼 섬과 섬 사이를 이웃집에 마실 가듯 들락거릴 수 있다는 점이 선유도 여행의 가장 큰 매력이다.

여행 정보 (지역번호 063)

숙박

선유도해수욕장과 가까운 선유2구에 안정모텔(466-4886), 한세월파크(466-7477), 서해민박(465-8787), 중앙민박(465-3450) 등 모텔과 민박집이 많다. 그 밖에 선유1구에는 다정민박(465-4944), 선유3구에는 으뜸민박(011-677-8152) 등이 있다. 장자도에도 선유도추억만들기(011-1777-4455), 화이트하우스(011-681-8380), 장자민박(465-2825) 등이 있는데, 그중 장자민박에서는 ATV(4륜오토바이)도 대여(1시간에 2만 원)해 준다. 숙박료는 2인 1실 기준으로 비수기에 3만 원, 여름철 성수기에 5~6만 원 선이다.

맛집

선착장에서 해수욕장으로 빠지는 길목에 평사낙안횟집(465-2620), 중앙횟집(465-3450) 등이 있다. 대부분의 민박집에서도 식사(백반 5000원선)를 차려준다.

서해민박의 백반

레저

자전거 하이킹 자전거를 타고 대략 3~4시간이면 선유도, 무녀도, 대장도, 장자도 일대를 두루 돌아다닐 수 있다. 대부분의 민박집과 상점에서 자전거를 대여해 준다. 대여료는 1인용이 1시간에 3000원, 하루 1만 원이고, 2인용은 그 두 배를 받는다.

가는 길

군산내항의 연안여객선터미널(472-2712)에서 계림해운(467-6000)의 선유도행 여객선이 하루 3~4회 운항한다. 계절, 물때, 요일에 따라 운항횟수와 출항시간이 변동되므로 전화로 확인해야 한다.

부남해수욕장의 기암절벽과 계곡물처럼 깨끗한 바다

08

두 가지의 해변이 공존하는 나만의 파라다이스

삼척 부남해수욕장

해송에 뒤덮인 갯바위 동산을 중심으로 이 해수욕장은
둘로 나뉜다. 왼쪽에는 200m가량의 백사장이 깔려 있고,
오른쪽 해변에는 크기와 모양이 저마다 다른 갯바위들이
산재해 있다. 반달처럼 휘어진 왼쪽 해변의 곡선이 아름답다.

1년 52주 가운데 가장 많은 사람들이 여행을 떠나는 때가 8월 첫째주이다. 유명 피서지로 들고나는 길은 주차장이나 다름없고, 어딜 가나 차와 사람이 넘쳐난다. 이때만큼은 '나만의 은밀한 피서지'라는 곳이 존재하기 어렵다. 아무리 덜 알려지고 외진 계곡이나 해변이라 하더라도, 귀신처럼 알아내 찾아오는 피서객들이 적지 않다. 그러니 애초부터 얼마쯤의 불편함은 기꺼이 감내할 각오를 하고서 길을 나서야 한다.

강원도 동해안의 남쪽 끝에 위치한 삼척시 해안에는 해수욕장이 많다. 가장 북쪽의 증산해수욕장에서부터 남쪽 끝의 월천해수욕장에 이르기까지 저마다 규모와 분위기가 다른 해수욕장들이 꼬리에 꼬리를 물고 이어진다. 그런데 '부남해수욕장'은 없다. 삼척시 관광사이트에도 부남해수욕장에 대한 여행 정보는 물론이고, 그 지명조차도 올려져 있지 않다. 그만큼 잘 알려지지 않았다는 뜻이다. 아니면 널리 알리고 싶지 않은 곳이거나.

부남해수욕장은 삼척시 근덕면 부남2리에 있다. 부남2리는 약 20여 가구, 40여 명의 주민이 사는 작은 마을이다. 바닷가에서 마을까지의 거리는 50m 안팎에 불과한데도 주민들은 대부분 농사를 짓는다. 사실 마을에서는 바다도 잘 보이지 않고, 바닷가에는 배를 댈 만한 포구도 없다. 한 주민의 말로는 바다가 얕아서 전복 양식을 하기도 어렵다고 한다.

부남해수욕장은 대체로 7월 10일부터 8월 15일까지 개장한다. 그마저도 해가 뜨기 전이나 진 뒤에는 출입이 통제된다. 간첩의 침투를 막기 위해 군부대에서 설치한 철조망의 안쪽에 위치해 있기 때문이다. 그러나 피서철이 아니더라도, 철책의 출입문이 열려 있는 낮 동안에는 마음대로 해수욕장에 드나들 수가 있다.

지금으로부터 7~8년 전쯤 부남해수욕장을 처음 찾아갔을 때의 기억은 아직도 생생하다. 눈앞에 펼쳐진 풍광이 믿어지지 않을 만큼 아름다웠다. 나도

부남해수욕장 전경. 해신당이 자리한 갯바위동산을 중심으로 왼쪽에는 백사장, 오른쪽에는 갯바위해변이 있다.

모르는 사이에 순간 이동을 해서 딴 세상으로 훌쩍 날아온 듯한 느낌이었다. 아담하면서도 수려하고 깨끗했으며, 너무 고즈넉해서 신비감마저 느껴지는 해변이었다. 다른 사람들에게는 알리지 않고, 나 혼자서만 이따금씩 찾고 싶을 정도로 아름다웠다.

여러 해가 흘렀지만, 지금도 부남해수욕장은 옛 모습이 그대로 간직되어 있다. 해송에 뒤덮인 갯바위동산을 중심으로 이 해수욕장은 둘로 나뉜다. 왼쪽에는 200m가량의 백사장이 깔려 있고, 오른쪽 해변에는 크기와 모양이 저마다 다른 갯바위들이 산재해 있다. 반달처럼 휘어진 왼쪽 해변의 곡선이 아름답다. 백사장이 끝나는 지점부터는 해안절벽이 이어지고, 그 너머에는 덕산항(남아포)의 등대와 방파제가 아스라하다.

부남해수욕장의 백사장에 깔린 모래는 밀가루처럼 곱다. 한 줌 집어서 손바닥에 올려놓고 훅 불면 먼지처럼 흩날린다. 물빛도 1급수의 계곡물처럼 투명하다. 물속 바위틈에 붙은 해초나 말미잘이 수족관 속의 그것처럼 훤히 들여다보인다. 게다가 동해안의 해수욕장치고는 수심이 얕고 파도가 잔잔한 편이어서 아이들도 안전하게 해수욕을 즐길 수 있다.

해수욕장 한복판에 자리잡은 갯바위동산에는 해신당이 있다. 건물은 작고 허름하지만 감히 범접할 수 없는 위엄이 느껴진다. 관광 명소가 된 뒤로 옛

104

적의 신령스러움과 위엄을 잃어버린 신남리 해신당과는 사뭇 다른 분위기이다. 지금도 부남2리 주민들은 해마다 두 번씩, 음력 삼월 초하루와 시월 초하루에 정성껏 제물을 장만해 해신제를 올린다.

부남해수욕장은 여름철 성수기에도 비교적 한가롭게 해수욕을 즐길 수 있는 곳이다. 하지만 그곳의 풍경과 정취를 제대로 가슴에 담으려면, 피서철은 가급적 피해서 찾아가는 것이 좋다. 아무도 없는 그 바닷가에 누워 하늘을 쳐다보면, 그 시간만큼은 그곳이 나만의 파라다이스다.

여행 정보 (지역번호 033)

숙박

부남2리에는 사계절민박(572-0608), 홍가네민박(573-1379), 정기승(573-1217), 박채란(573-4489) 씨댁 등의 민박집이 있다. 그중 사계절민박은 해수욕장과 가장 가까운데다 주차장이 넓고 취사시설도 잘 갖춰진 콘도형 민박집이다. 특히 대형 객실이 있어서 대가족이나 단체모임의 숙소로 안성맞춤이다. 호텔이나 모텔 같은 숙박업소를 이용하려면 삼척 시내로 나가야 한다.

사계절민박

맛집

해수욕장 주변에 음식점은 없다. 다만 피서철에는 마을 부녀회(회장댁 572-0608)에서 해수욕장에 천막을 치고 잔치국수, 감자전 등의 메뉴를 만들어 판다. 부녀회에서는 널찍한 그늘막(1일 사용료 1만 원)도 빌려준다. 인근의 근덕면 소재지에는 은혜회관(한우구이, 573-2322), 춘도식당(돌솥밥, 573-0447) 등의 한식당이 있다.

가는 길

동해고속도로 동해IC(7번 국도) ▶▶ 삼척시 우회도로 ▶▶ 삼척교 ▶▶ 한치터널 ▶▶ 동막교차로에서 7번 국도(왕복 4차선)를 빠져나와 대진 방면으로 우회전 ▶▶ 대진마을 입구를 지나면 곧 부남2리에 도착한다.

08

둘
째
주

다도해의 절경을 한자리에 모아놓은 섬

진도 관매도

해수욕장의 솔숲이나 백사장에서 바라보는 **다도해의
장려한 일몰**도 잊지 못할 장관이다. 온 천지간을 불사를 듯한
태양의 붉은 기운이 점차 사그라지고, 마침내 칠흑 같은 어둠이
무겁게 깔리면 **수많은 별빛**이 쏟아져내릴 듯한 밤을 맞게 된다.

수도권에서 관매도까지의 거리는 땅끝보다 훨씬 더 멀다. 새벽녘에 집을 나서도 늦은 오후에야 여장을 풀게 마련이다. 그러니 일정은 적어도 2박 3일 이상 잡아야 한다. 비교적 시간 여유가 많은 휴가철이 아니면 좀체 구경하기 어렵다. 하지만 일단 그곳에 발을 디디면 사나흘 정도의 시간은 쏜살같이 흘러간다.

관매도의 자연풍광은 다도해 여러 섬들의 절경을 한자리에 다 모아놓은 것처럼 아름답다. 해수욕장, 바위섬, 솔숲, 해식동굴, 기암절벽 등 없는 게 없다. 그중에서도 가장 먼저 여행객들의 눈길을 끄는 것은 근사한 소나무숲이다. 약 2km의 관매도해수욕장 뒤편에 병풍처럼 둘러진 이 숲은 원래 모래가 날리는 것을 막기 위해 조성된 방사림이다. 관매도 주민들의 남다른 관심과 정성 덕택에 이제는 50~100년생의 아름드리 곰솔(해송)이 빽빽하게 들어차 있다. 여름철에는 피서객들의 야영지로도 아주 제격인데, 이 숲만큼 운치 있고 쾌적한 야영장도 흔치 않다.

관매도해수욕장은 백사장의 경사가 완만하다. 해안선에서 100m쯤 떨어진 바다의 수심도 사람 키를 넘지 않는다. 해수욕장 앞에는 다도해의 섬이 점점이 떠 있어서 파도를 막아준다. 게다가 고운 모래가 깔린 백사장은 아주 부드러우면서도 떡처럼 단단해서 '떡모래밭'으로도 불린다. 밀물 때마다 바닷물에 잠기는 모래밭에는 아이의 주먹만 한 조개가 숨어 있는데, 아이들과 함께 조개를 잡는 재미가 제법 쏠쏠하다.

남북으로 길게 뻗은 해수욕장의 북쪽 끄트머리에는 변산반도의 채석강을 닮은 해식절벽이 형성되어 있다. 수만 권의 책을 쌓아놓은 듯한 절벽 아래에는 억겁의 세월 동안 파도와 비바람에 깎이고 씻긴 동굴도 있다. 그러나 이 절경을 구경하려면 썰물 때에 맞춰서 찾아가는 것이 안전하다.

해수욕장의 솔숲이나 백사장에서 바라보는 다도해의 장려한 일몰도 잊지

못할 장관이다. 온 천지간을 불사를 듯한 태양의 붉은 기운이 점차 사그라지고, 마침내 칠흑 같은 어둠이 무겁게 깔리면 수많은 별빛이 쏟아져내릴 듯한 밤을 맞게 된다. 대기가 깨끗한 이곳에서는 파도 소리를 자장가 삼고, 초롱초롱한 별빛을 이불 삼아 지새는 낭만적인 여름밤을 보낼 수 있다.

관매도는 해수욕뿐만 아니라 바다낚시를 즐기기에도 좋다. 선착장 옆의 방파제나 해수욕장 끄트머리의 해안절벽, 그리고 섬 동쪽의 장산너머 갯바위에서는 우럭, 광어, 돌돔 등의 고급 어종이 심심찮게 걸려든다.

관매도는 면적이 4.08km²에 불과한 작은 섬인데도 볼거리는 수두룩하다. 관매도해수욕장과 관매마을 일대만 돌아보기에도 시간이 빠듯할 지경이다. 그러나 아무리 시간 여유가 없더라도 관매팔경을 보지 않으면 두고두고 아쉬움이 남는다.

관매팔경 중 제1경은 관매도해수욕장이다. 나머지 절경들은 유람선을 타고서 섬 주변을 한 바퀴 돌아야 구경할 수 있다. 아득한 옛날 선녀들이 내려와 방아를 찧었다는 방아섬(일명 남근바위), 옥황상제의 전설을 담고 있는 돌

무덤과 꽁돌, 할매도깨비가 나왔다는 할미중드랭이굴, 약 1m의 간격을 두고 떨어진 높이 50m의 두 바위섬 사이에 놓인 하늘다리 등이 특히 눈길을 끈다. 그 밖에 독립문, 벼락바위, 성둘레바위폭포 등도 관매도가 아니면 볼 수 없는 절경이다.

여행 정보 (지역번호 061)

숙박

관광상회(544-3827), 완도상회(544-5650), 송림민박(544-3668), 송백정(544-4433), 솔밭횟집(544-9807), 관매정(544-8668), 명성민박(544-3650), 해변횟집(544-9399) 등의 민박집이 많다. 여관이나 모텔은 없다. 피서철(7월 15일~8월 15일)에는 유럽 스타일의 고급 텐트촌인 하이픽텐트촌이 관매도해수욕장의 솔숲에 조성된다. 최대 5~6명까지 잘 수 있는 텐트 안에는 전기콘센트가 가설돼 있어서 선풍기, 밥솥, 노트북 등의 가전제품을 사용할 수 있다. 하루 이용료는 2만 원이다.

■ 예약 및 문의 · 청년회장 박길석 씨(011-9113-6151)

맛집

솔밭횟집(544-9807), 관광상회(544-3827), 송림민박(544-3668) 등에서는 비수기에도 식당을 운영한다. 대부분의 민박집에서도 식사를 차려준다. 백반 1인분에 5000원선.

가는 길

승용차 서해안고속도로 목포IC(2번 국도) ▶▶ 영산강하구언 ▶▶ 삼호조선소 입구(우회전, 49번 지방도) ▶▶ 영암방조제 해남 화원 ▶▶ 문내(18번 국도) ▶▶ 진도대교 ▶▶ 진도읍 ▶▶ 팽목항

팽목항 ↔ 관매도 피서철에는 조도농협의 조도페리호가 팽목항(544-5353)과 관매도(매표소 542-3492) 사이를 수시로 왕복운항한다. 이 배에는 승용차도 실을 수 있다. 관매도까지는 약 1시간 30분 소요.

조도페리호

거울처럼 맑고 얼음처럼 차가운 천지 물. 뒤쪽 멀리 북한 땅의
능선에서 천지로 내려가는 계단길이 희미하게 보인다.

08

셋
째
주

설렘과 감동으로 마주하는, 겨레의 시원始原

백두산 천지

천지 물은 그야말로 유리처럼 맑고 얼음처럼
시원하다. 이 세상의 어떤 샘물보다도 물맛이 좋다.
어쩌면 물맛 자체보다도 '백두산에서 솟아난 물'
이라는 정서적 의미 때문에 그렇게 느껴질지도 모른다.

백두산에서는 날마다 천지天地가 개벽한다. 솜이 불처럼 두껍게 드리워진 구름이, 한치 앞도 못 볼만큼 짙은 안개가 삽시간에 스러진다. 눈 깜짝할 사이에 미혹과 혼돈의 세계가 걷히고, 광명과 질서의 새 세상이 열린다. 그제야 비로소 천지天池의 청정무구한 수면과 백두산 열여섯 봉우리의 웅자가 눈앞에 펼쳐진다. 두 눈으로 똑똑히 보고 있으면서도 거짓말 같다. 논리적으로 따지면 더욱 믿기 어려운 현상이다. 그래서 머리보다는 가슴으로 먼저 느낀다. 불덩이처럼 뜨거운 뭔가가 울컥 치미는가 싶더니 신음 같은 탄사가 연이어 터져 나온다. "아, 백두산이여, 천지여."

지금 우리가 갈 수 있는 산은 사실 백두산이 아니다. 비자를 받아 남의 나라 땅을 밟고서 오르는 그 산은 장백산이다. 그런 현실을 곰곰이 생각하면 그 산에 대해 각별한 애정을 가질 이유가 없다. 그런데 왜 그곳에 오르기를 그토록 갈망하는가. 우리 땅이기 때문이다. 장백산, 아니 백두산은 수천 년 동안 우리 겨레의 영산靈山이자 성산聖山이며 신산神山이기 때문이다. 현실적으로는 엄연히 중국에 속한다 해도, 역사적으로나 정서적으로는 여전히 우리 땅이다. 그래서 백두산 여행은 유별난 설렘으로 시작되어 가슴 벅찬 감동과 함께 마무리된다.

중국 쪽의 백두산 길 가운데 가장 많은 사람들이 이용하는 곳은 북파코스이다. 매표소 앞에서 지프차를 타면 20분 만에 천문봉(2670m) 주차장에 닿는다. 중국 기상대 앞의 주차장에서 몹시 비탈진 길을 2~3분가량 올라가면 천문봉 정상이다.

초행에 천지를 보게 된다면 그건 천행이다. 삼대가 덕을 쌓아야 볼 수 있다는 지리산 천왕봉의 해돋이보다 더 보기가 어렵다. 그래도 서둘러 내려가지 말고 몇 십 분쯤은 기다려야 한다. 마치 천지가 개벽하듯 먹장구름이 한 순간에 걷히고, 장엄한 천지와 백두산 연봉들이 환영처럼 자태를 드러낼 수

있기 때문이다.

하산하는 길에는 '흑풍구'에 잠시 차를 멈춰 세워야 한다. 이곳에서는 장백폭포 아래의 거대한 골짜기와 소천지 일대의 울창한 원시림이 한눈에 들어온다. 게다가 주변의 초원지대에는 담자리참꽃나무, 좀참꽃, 산용담, 두메양귀비 등 희귀식물이 군락을 이루고 있다.

천지에 발을 담그려면 달문으로 가야 한다. 달문은 높이 68m의 장백폭포(비룡폭포)로 쏟아지는 천지 물의 출구이다. 천문봉에서 깎아지른 비탈길을 타고 곧장 내려가도 되고, 아래 매표소에서 장백폭포를 경유하는 계단길을 이용할 수도 있다. 천지 물은 그야말로 유리처럼 맑고 얼음처럼 시원하다. 이 세상의 어떤 샘물보다도 물맛이 좋다. 어쩌면 물맛 자체보다도 '백두산에서 솟아난 물'이라는 정서적 의미 때문에 그렇게 느껴질지도 모른다.

중국 쪽의 또다른 백두산 길인 서파 코스는 1998년에야 일반 관광객들에게 개방되었다. 중국 당국이 에코투어리즘(생태관광) 지역으로 보존하는 곳이라, 비교적 개발이 덜 되어 있고 관광객도 많지 않다. 서파 산문을 지나면 드넓은 삼림과 초원이 펼쳐지고, 육중한 백두산도 아스라이 보인다. 길가에 끝없이 이어진 초원은 온통 꽃밭이다. 대규모 군락을 이룬 붓꽃, 원추리, 하늘매발톱꽃, 분홍바늘꽃 등이 연이어 피고 진다.

수목한계선인 해발 2000m부터는

▼ 5호경계비에 기대서서 기념촬영하는 관광객들. 왼쪽의 엉성한 울타리가 북한과 중국의 경계선이고, 관광객들이 밟고 있는 곳은 북한 땅이다. ◀서파 5호경계비 부근의 분화구 비탈에 핀 바위구절초. 천지 건너의 천문봉이 구름에 반쯤 가렸다.

천문봉 꼭대기에 위태롭게 올라서서 천지를 바라보는 관광객들. 맨 왼쪽의 희끗한 능선이 서파 정상이다.

풀밭이다. 이곳에도 큰오이풀, 산용담, 만병초 등이 지천이다. 주차장에서 청석봉(2662m) 아래의 서파 정상까지는 1236개의 계단을 올라야 한다. 정상에는 중국과 북한의 경계를 표시한 5호경계비가 세워져 있다. 경계비 옆에 치다가 만 듯한 철조망이 세워져 있지만, 북한 경비병이 없을 경우에는 무용지물이나 다름없다. 북한 쪽으로 몇 백 미터를 들어가도 중국 군인들은 제지하지 않는다. 하지만 미리 허락된 경우가 아니면 천지에는 내려갈 수 없다. 그래도 북한 땅을 밟고서 천지를 바라보는 감회가 남다르다.

기본 정보

트레킹코스 북파의 천문봉에서 하산할 때 지프차를 타지 않고 곧장 달문으로 내려가서 장백폭포로 하산하는 데는 3시간가량이 소요된다. 서파의 5호경계비에서 청석봉→ 백운봉→ 녹명봉→ 승사하→ 달문→ 천지를 거쳐 장백폭포로 하산하는 종주코스도 개발돼 있다. 총 길이가 13km에 산행시간만도 10~12시간이 소요된다.

여행 적기 백두산의 야생화는 6월부터 우후죽순으로 피기 시작해 8월 말경이면 거의 자취를 감춘다. 가장 많은 꽃을 볼 수 있는 시기는 7월이지만, 교통편이나 숙박시설의 예약이 어려울뿐더러 패키지상품도 상대적으로 비싼 편이다. 그러므로 여름철 성수기가 시작되기 전인 6월 하순이나 성수기 직후인 8월 중하순에 다녀오는 것이 여러 모로 좋다.

숙박

북파의 장백폭포 입구에는 호텔이 몇 곳 있고, 서파의 산문 안쪽에는 백운봉 산장이 있다. 그러나 여름철에는 예약하기도 어렵고 숙박비도 만만치 않다. 북파에서는 백하나 이도백하, 서파에서는 송강하의 숙박시설을 이용하는 것이 경제적이다.

장백폭포 아래의 호텔들

가는 길

항공 인천공항에서 직항노선이 있는 중국의 도시 가운데 고구려 유적지와 가장 가까운 곳은 선양(심양)이다. 백두산과 가까운 옌지(연길)에도 직항노선이 개설돼 있으나, 비교적 운임이 비싼 편이다.

선박 인천↔단둥(단동) 항로의 동방명주호(02-713-5522)나 속초↔훈춘(혼춘) 항로의 동춘페리호(02-720-0271)를 이용하는 것이 편리하다. 운항시간과 횟수는 계절이나 요일에 따라 변동되므로 사전에 확인해야 한다.

추천여행사 중국의 고구려 유적과 백두산 여행을 전문으로 하는 어메이징투어(02-3444-6525)와 백두산 트레킹 전문여행사인 백두산닷컴(1544-7644, www.go2744.com)에서는 다양한 패키지상품을 내놓고 있다. 20인 이상의 단체는 원하는 코스대로 일정을 세울 수도 있다. 구성원의 수와 여행의 성격, 교통편과 숙박 등에 따라 상품의 종류와 가격대가 매우 다양하므로 직접 문의하는 것이 좋다.

아름드리 금강송이 군락을 이룬 서면 소광리의 숲과 계곡

08

넷
째
주

'최후의 금강송 숲'을 품은 두메산골

울진 광천계곡

잘 자란 금강송은 몸매 좋은 미인 같다. 그래서 '미인송'으로도
불린다. 미인처럼 곱고 향기로운 금강송이 군락을
이룬 숲은 아름답고 청정하다. 울진군 서면
소광리에는 우리나라 최대의 금강송숲이 있다.

경북 봉화에서 울진으로 넘어가는 36번 국도는 줄곧 첩첩산중을 굽이굽이 돌아간다. 끝없이 구불거리거나 오르내리는 길이지만 별로 지루하지는 않다. 오가는 차들이 뜸해서 마음까지 절로 느긋해지고, 차창 밖으로는 두메산골의 때묻지 않은 풍경이 줄을 잇는다. 어느덧 답운재를 넘어서니 울진 땅이다.

울진 땅에서는 길가 산비탈의 소나무도 예사롭지 않다. 밑동은 굵고, 줄기는 곧으며, 수피樹皮는 붉다. 어디나 흔한 소나무가 아니다. 춘양목, 황장목, 강송 등으로도 불리는 금강송이다. 금강송은 목재로서의 가치도 으뜸이다. 결이 곱고 단단해서 켠 뒤에도 굽거나 트지 않고 잘 썩지도 않는다. 더욱이 은은한 솔향기를 오래도록 흘리기 때문에 예로부터 소나무 중의 소나무로 꼽혔다.

잘 자란 금강송은 몸매 좋은 미인 같다. 그래서 '미인송' 으로도 불린다. 미인처럼 곱고 향기로운 금강송이 군락을 이룬 숲은 아름답고 청정하다. 울진군 서면 소광리에는 우리나라 최대(1610ha)의 금강송숲이 있다. 일찍이 조선 숙종 때 일반인들의 벌목이 금지되는 '황장봉산' 으로 지정된 숲이다. 지금도 소광리 길가의 바위에는 당시 새겨진 '황장봉계표석' 이 있다.

소광리로 들고나는 917번 지방도는 빛내, 즉 광천계곡을 따라간다. 몇 해 전까지만 해도 가도 가도 끝이 보이지 않는 흙길이었다. 지금은 포장구간이 크게 늘어난 덕에 찾아가기가 한결 수월해졌다. 찻길에서도 아름드리 금강송이 쉽게 눈에 띈다. 하지만 이곳 금강송 숲의 진면목과 깊은 내력을 알려면, 36번 국도에서 14km쯤 떨어진 곳에 서 있는 '대왕소나무' 를 봐야 한다. 수령이 자그마치 500년을 넘었다는 거목이다.

소광리 일대의 '산림유전자원보호림(문의·울진국유림관리소 054-783-1009)' 에는 대왕소나무 이외에도 크고 오래된 금강송이 즐비하다. 높이가 35m나 되는 거목이 있는가 하면, 밑동의 지름이 1m가 넘는 것도 있다. 평균적으로

수령 150년에 높이가 약 20m, 그리고 사람 가슴높이께의 지름이 40cm에 이른다고 한다. 이처럼 시원스레 뻗은 금강송만 봐도 여름철 더위를 말끔히 잊을 수 있다. 더욱이 '피톤치드(산림향)'의 함유량이 보통의 나무에 비해 10배나 많다는 금강송의 솔향기는 머릿속까지 상쾌하게 씻어준다.

금강송을 키운 광천계곡의 물줄기는 36번 국도의 광천교 아래에서 불영계곡으로 흘러든다. 불영계곡은 36번 국도를 끼고 굽이친다. 빼곡하게 적송이 들어찬 암봉과 구비마다 태극 형상을 이루는 물길의 조화가 한 폭의 진경산수眞景山水처럼 수려하다. 이 산수화 같은 풍경 속에는 천년고찰 불영사가 자리잡고 있어 여정이 더 풍요롭다.

불영사 주위에는 천축산의 암봉들이 연꽃잎처럼 솟아 있다. 절터는 꽃잎에 둘러싸인 꽃술이다. 연꽃의 꽃잎과 꽃술처럼, 가람과 산수의 어울림 역시 천연덕스럽기 그지없다. 게다가 불영사는 비구니들의 도량답게 건물마다 소박하고 단아하다. 절 마당은 방금 빗질을 끝낸 듯 깨끗하고, 연못 주변의 잔디밭도 늘 가지런하게 손질되어 있다. 경내 곳곳에는 여승들의 섬세한 손길로

118

정성스레 가꿔진 화초들이 철따라 피어난다.

불영계곡이 왕피천과 만나기 직전에 위치한 근남면 행곡리 내앞마을에도 소광리의 금강소나무숲처럼 시원스런 대숲이 있다. TV드라마 〈사랑한다 말해줘〉의 촬영지가 된 뒤로 유명세를 타고 있는 숲이다. 마을로 들어가는 길 양쪽에 사시사철 푸른 대나무가 빼곡히 들어차 숲터널을 이루었다. 게다가 동구에는 천연기념물로 지정된 반송(처진소나무) 하나가 커다란 그늘을 드리운 채 서 있어서 마을의 운치를 한결 북돋워준다.

여행 정보 (지역번호 054)

숙박

소광리에는 빛내농장(782-1164), 소광천상회(783-9291), 남유석 씨댁(782-9249), 창수상회(782-9939) 등 민박집이 몇 곳 있다. 소광리에서 비교적 가까운 숙박시설로는 서면 쌍전리의 통고산자연휴양림(782-9007, www.huyang.go.kr)을 추천할 만하다. 숲과 계곡도 좋고 각종 편의시설도 잘 갖춰져 있어서 경상도 지역의 산림청 직영휴양림 중에서는 으뜸이라는 평가를 받는다.

통고산자연휴양림의 통나무집

맛집

소광리의 음식점으로는 토종닭백숙, 옻닭, 산채정식, 감자보리밥 등을 파는 빛내농장(782-1164)이 유일하다. 서면소재지인 삼근리에는 칼국수, 산채비빔밥 등을 내놓는 새터휴식소(783-9277)와 백반이나 된장찌개를 먹을 수 있는 통고산양산박식당(782-1471)이 있다.

가는 길

중앙고속도로 영주IC(28번 국도) ▶▶ 영주 시내(36번 국도) ▶▶ 봉화읍 ▶▶ 노루재터널 ▶▶ 현동 삼거리(직진) ▶▶ 옥방휴게소 ▶▶ 답운재 ▶▶ 광천교(좌회전, 917번 지방도) ▶▶ 소광리 금강송숲

09

첫째주 구례 사성암
둘째주 함평 용천사
셋째주 고창 선운산과 학원농장
넷째주 울릉도 북면해안

10

첫째주 정선 민둥산
둘째주 인제 물굽이계곡
셋째주 청송 주왕산과 주산지
넷째주 영양 서석지
다섯째주 순천 선암사

11

첫째주 함양 상림
둘째주 임실 옥정호
셋째주 부산 해운대~대변항
넷째주 순천 순천만

가을

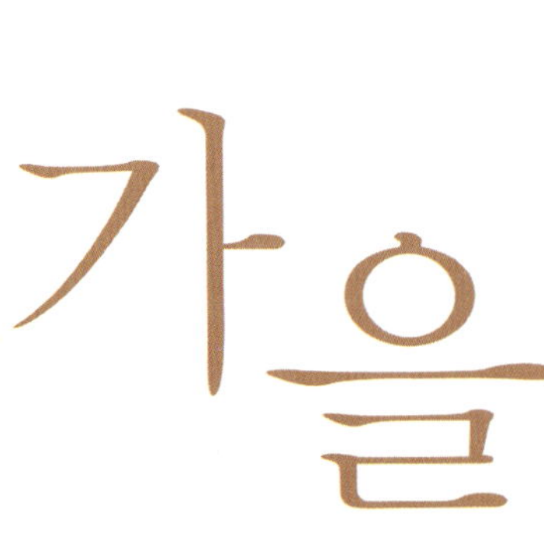

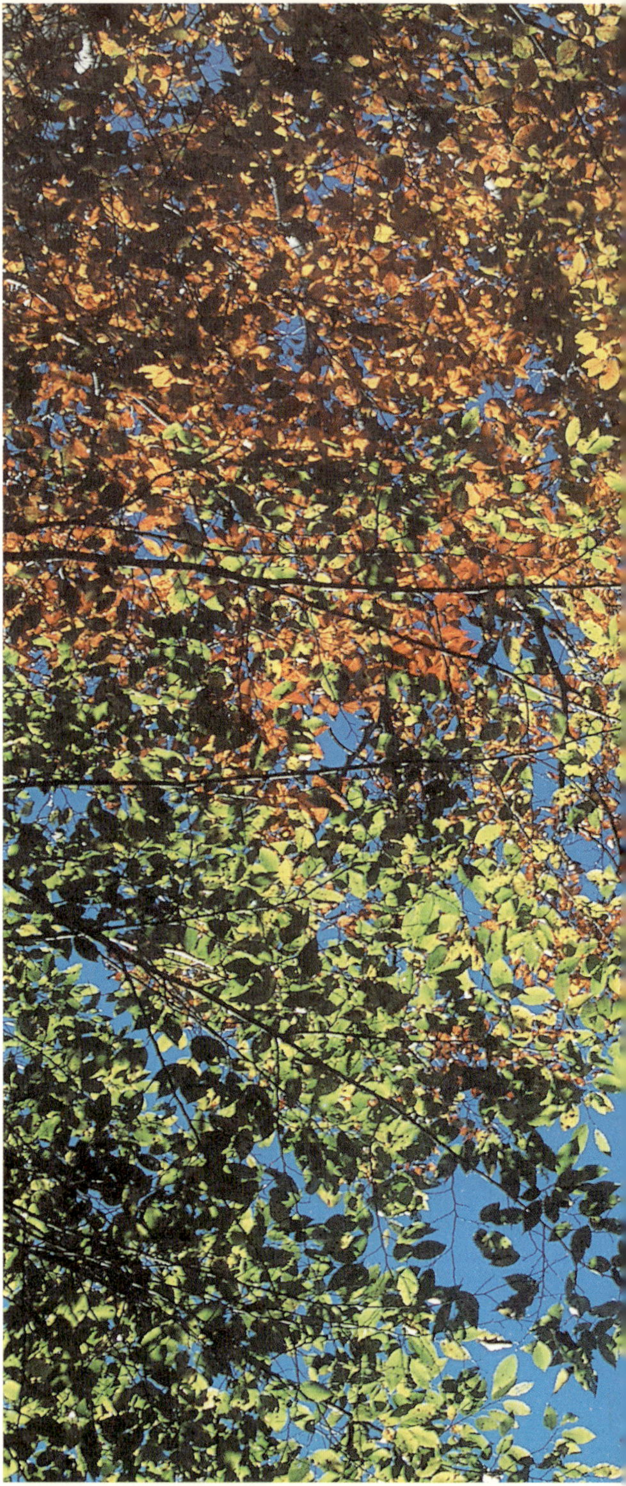

온주 대둔산의 단풍숲

사성암의 뜀바위에 올라 바라본 섬진강과 지리산.
지리산 노고단 정상이 구름에 가려졌다.

09

지리산과 섬진강을 굽어보는 구름 위의 암자

구례 사성암

굽이굽이 흘러가는 **섬진강 물길**이 오롯이 보이고, 구름과 맞닿은
지리산 연봉들이 지척에 우뚝하다. 섬진강 유역의 너른 들녘도
고스란히 시야에 들어온다. 시야가 사방으로 활달하게 트인 암자이다.
적어도 조망만큼은 어느 명산의 대찰보다 **웅장하고도 상쾌**하다.

섬진강은 어머니의 품처럼 부드럽고 안온하다.

그 강물에 발을 적신 지리산은 변함없이 넉넉하고 듬직하다. 그러니 섬진강 언저리에서 서성거리기만 해도 기분이 좋아지고, 지리산의 끝자락이 언뜻 눈에 스치기만 해도 마음이 든든하다. 그런 섬진강과 지리산이 가시버시 되어 부둥켜안은 광경을 한눈에 보게 된다면, 그 감동과 환희는 당연히 배가될 터이다. 구례 사성암은 바로 그런 감동과 환희를 안겨주는 곳이다.

사성암은 전남 구례군 문척면 죽마리의 오산(531m) 정상 근처에 자리잡은 암자이다. 작은 전각이 대여섯 채 있고, 상주하는 스님도 둘밖에 없는 작은 절이다. 그러나 직접 찾아가보면 세상에 이곳만큼 큰 절집도 없다. 높고도 큰 지리산과 맑고 유장한 섬진강이 이 암자의 정원이나 다름없기 때문이다.

굽이굽이 흘러가는 섬진강 물길이 오롯이 보이고, 구름과 맞닿은 지리산 연봉들이 지척에 우뚝하다. 섬진강 유역의 너른 들녘도 고스란히 시야에 들어온다. 시야가 사방으로 활달하게 트인 암자이다. 적어도 조망만큼은 어느 명산의 대찰보다 웅장하고도 상쾌하다. 해발 1000m 이상의 지리산 연봉들을 오히려 굽어보는 듯한 느낌이 든다. 그러니 이곳의 아담한 전각들조차도 천상의 누각처럼 높고 화려해 보인다.

사성암을 품고 있는 오산은 크거나 높지는 않다. 하지만 산세가 기운차고 출중하다. 조선시대의 지리지인 『신증동국여지승람』에는 오산에 대해 이렇게 적혀 있다. "산마루에 바위 하나가 있고, 그 바위에 깊이를 헤아릴 수 없는 틈이 있다. 일찍이 도선스님이 이 산에 살면서 천하의 지리地理를 그렸다는 말이 세상에 전해온다."

사성암의 연륜은 의외로 깊다. 지리산 자락 제일의 고찰이자 명찰인 화엄사와 견줄 만하다. 백제 성왕 때인 544년에 연기조사가 화엄사와 함께 이 암자를 세웠다고 한다. 창건 이후로 원효대사, 의상대사, 도선국사, 진각국사

▶ 사성암의 서쪽 조망. 바로 아래의 섬진강과 나란히 달리는 길은 구례와 순천 사이의 17번 국도이다.
◀ 오산 정상 아래의 가파른 암벽에 자리잡은 사성암

등의 네 고승이 수도했다고 하여 사성암四聖庵이라 불리게 되었다.

오늘날의 사성암에서는 예스런 풍모가 별로 엿보이지 않는다. 모든 전각들이 근래에 지어진 탓이다. 그러나 암자의 녹록지 않은 역사를 말해 주는 것이 여럿 있다. 맨 먼저 눈길을 끄는 것은 두 그루의 커다란 느티나무이다. 수령이 자그마치 600~800년에 이른다는 이 고목들은 원효대사와 의상대사가 심은 것으로 전해온다.

해묵은 느티나무 옆의 108계단을 올라서면 조사전, 대웅전, 산신각 등의 건물이 잇달아 나타난다. 산신각을 에워싼 바위틈에는 '도선굴'이라는 동굴이 있다. 도선국사가 수도하면서 천하의 지리를 그렸다는 장소다. 산신각 주변에는 진각국사가 참선했다는 좌선대, 그리고 아득한 옛날에 어느 부부가 서로를 애타게 그리다가 변했다는 뜀바위가 우뚝하다. 약사전 뒤편의 암벽에는 고려 초기의 작품으로 추정되는 약사여래불도 조각돼 있다. 이 마애불은 약사전 안의 유리창 너머로 볼 때, 그 형체가 또렷이 드러난다.

이래저래 살펴보니, 사성암은 그 규모에 비해 의외로 볼거리가 많다. 허나 이곳의 가장 큰 매력은 사람이 만들거나 남겨놓은 것이 아니다. 변화무쌍한 대

124

자연이 그렇게 한 것이다. 자연이 연출하는 풍광은 단 하루도 똑같을 수가 없다. 그래서 사성암은 늘 새롭고, 그곳을 찾는 발길 또한 잦아질 수밖에 없다.

여행 정보 (지역번호 061)

🧳 숙박

사성암에서 그리 멀지 않은 구례읍 계산리는 '다무락마을'(문의·김영두 씨 016-9810-8066, damurak.go2vil.org)로 더 잘 알려진 농촌체험마을이다. 마을 주변에 밤, 감, 배, 매실 등의 과수원이 많고, 앞으로는 섬진강이 흐르기 때문에 과실 수확, 물고기 잡기, 황토염색, 대통밥짓기 등 다양한 체험이 가능하다. 마을 내에는 하룻밤 묵으며 농촌의 인심과 정취를 느낄 수 있는 초가집도 있다. 구례 읍내와 화엄사 입구에는 지리산한화리조트(782-2171), 섬진강호텔(781-2000), 월등파크(782-0082), 그리스텔(783-2600) 등 숙박업소가 많다.

🍴 맛집

구례에는 전국적으로도 이름난 맛집이 많다. 특히 화엄사 입구에 자리한 지리산대통밥(대통밥, 783-0997)은 남도음식명가, 백화회관(산채정식, 782-4033)과 청냇골가든(산채정식, 782-0909)은 남도음식별미집으로 전라남도가 지정한 음식점들이다. 그 밖에 구례 읍내의 평화식당(육회비빔밥, 782-2034)과 동원식당(한정식, 782-2221)도 토박이들이 자신 있게 추천하는 맛집이다.

지리산대통밥의 상차림

🚗 가는 길

호남고속도로 전주IC(전주우회도로, 17번 국도) ▶▶ 남원 춘향터널 지나자마자 오른쪽 고가도로로 진입 ▶▶ 남원시 우회도로(19번 국도) ▶▶ 밤재터널 ▶▶ 구례읍 군청로터리에서 좌회전 ▶▶ 문척교를 지나면 갈림길마다 이정표가 있다.

※ 사성암까지 찻길이 나 있고, 암자 바로 아래에는 주차장도 있다. 진입로의 경사와 굴곡이 심한 데다 낭떠러지 구간도 있으므로 조심해서 운전해야 한다.

함평 용천사의 석불과 꽃무릇.
꽃무릇의 꽃잎과 꽃술은 여인의
붉은 입술과 긴 속눈썹처럼 아름답다.

꽃무릇은 꽃이
필 때는 잎이 없고, 잎이
무성할 때는 꽃이 피지
않는다. 한 몸이면서도 꽃과
잎이 서로 만나지 못하고
진한 그리움만 삭이는 셈이디
그래서 사람들은 꽃무릇을
'상사화相思花' 라
부르기도 한다.

섬뜩한 꽃불에 휩싸인 산사

함평 용천사

남도의 가을은 꽃무릇의 현란한 꽃 잔치로 시작된
다. 가을의 문턱을 막 넘어선 숲은 여전히 초록빛인데도, 그늘진 숲 바닥은 일
제히 꽃을 피운 꽃무릇의 군락으로 인해 온통 시뻘건 불바다를 이룬다. 붉디붉
은 꽃불은 마치 광활한 들녘을 삽시간에 태워버리는 불길처럼 기세가 대단하
다. 특히 함평군 해보면 광암리 용천사 일대의 꽃무릇 군락을 찬찬히 둘러보노
라면, 해질녘의 자운紫雲 위에 두둥실 떠 있는 듯해서 멀미가 느껴질 정도다.

꽃무릇은 수선화과의 여러해살이풀이다. 아득한 옛날에 일본이나 중국에서
들여왔다고 전해지지만, 이를 뒷받침할 만한 기록은 남아 있지 않다. 백로(양
력 9월 8일경) 무렵부터 피기 시작한 꽃은 9월 25일을 전후로 절정을 이루고
꽃잎을 모두 떨구고 난 뒤에는 잎이 돋아나기 시작한다. 모진 겨울철에도 파
릇하던 꽃무릇의 잎은 이듬해 봄이 깊을 즈음 허망하게 시들어버린다.

이렇듯 꽃무릇은 꽃이 필 때는 잎이 없고, 잎이 무성할 때는 꽃이 피지 않
는다. 한 몸이면서도 꽃과 잎이 서로 만나지 못하고 진한 그리움만 삭이는
셈이다. 그래서 사람들은 꽃무릇을 '상사화相思花'라 부르기도 한다. 하지만
정식 명칭은 '석산石蒜'이고, 진짜 상사화는 따로 있다.

꽃무릇의 붉은 꽃은 여인의 잎술을 닮은 꽃잎과 긴 속눈썹 같은 꽃술을 갖
고 있다. 그토록 매혹적인 형상의 꽃무릇이 유독 절 주변에 무리 지어 자라
는 데는 나름의 이유가 있다. 꽃무릇이 탱화를 그리는 재료로 아주 요긴하기
때문이다. 꽃무릇의 뿌리에는 방부제 성분이 함유돼 있어서 그 즙을 물감에
섞어 탱화를 칠하면 좀이 슬거나 색이 바래지 않는다고 한다.

함평 용천사는 인근의 영광 불갑사, 고창 선운사와 함께 우리나라의 3대
꽃무릇 군락지로 손꼽힌다. 그중에서도 무려 46만 평에 이르는 용천사 주변
의 꽃무릇 군락지는 세계 최대 규모를 자랑한다. 절 부근의 숲과 계곡은 물
론이고, 절로 들고나는 왕복 2차선 도로까지도 양쪽 길가에 꽃무릇이 빼곡하

◀ 용천사 천왕문 주변을 시뻘겋게 물들인 꽃무릇 군락
▶ 호수처럼 고요한 바닷가를 따라 이어지는 해제반도 해안도로

게 심어진 꽃길이다.

용천사 꽃무릇을 감상한 뒤에 여정은 자연스레 무안 땅으로 이어진다. 물론 전체 일정이 1박 2일 이상일 경우에 그렇다는 말이다. 무안에서 하룻밤을 묵기에는 완만한 구릉과 구불구불한 해안선을 품은 해제반도가 제격이다. 서쪽으로 돌출한 해제반도는 땅보다는 바다, 바다보다는 갯벌이 넓은 곳이다. 하지만 밀물이 들면 갯벌은 모두 물에 잠기고, 뭍은 바다에 잠길 듯이 위태로워 보인다. 실제로 이곳에는 뭍의 폭이 200~300m에 불과한 지점도 있다. 하지만 바다는 늘 호수처럼 고요하다. 주변의 숱한 섬들이 큰 파도를 막아주는 방파제 구실을 하기 때문이다.

땅과 바다와 갯벌이 하나로 엮인 해제반도에서는 해넘이와 해돋이를 모두 감상할 수 있다. 게다가 실핏줄 같은 길들이 외진 바닷가의 구석구석까지 뻗어 있어서 차분하게 바다 풍광을 껴안아볼 수 있다는 점도 매력적이다. 구불구불한 해안도로를 따라가면서 바라보이는 바다는 편안하고 고요하다.

초가을의 무안 여행에서는 일로읍 복룡리의 회산연꽃방죽(복룡저수지)도 빼놓을 수 없다. 백련꽃은 이미 절정을 넘어섰고 수백만 명의 관광객을 끌어들인 백련꽃축제도 끝났지만, 모처럼 만에 평온을 되찾은 연꽃 방죽의 고즈넉한 정취가 오히려 더 마음을 붙잡는다.

128

숙박

백련모텔(연꽃방죽 부근, 285-4949), 전원장(해제반도, 453-1061), 제일장(해제반도, 452-6703), 백악관모텔(무안 읍내, 453-8330), 우강파크모텔(무안 읍내, 452-7980), 바닷가황토마을(운남면 내리, 453-0178), 무안톱관광펜션(망운면 톱머리해수욕장, 454-7878)

맛집

전국적인 규모의 쇠전(우시장)이 있는 함평의 별미로는 육회비빔밥이 첫손에 꼽힌다. 함평 읍내 장터에는 전라남도 지정 '남도별미집'인 대흥식당(322-3953)을 비롯해 화랑식당(323-6677), 목포식당(322-2764) 등 육회비빔밥집이 여럿 있다. 신선한 육회가 푸짐하게 올려진 비빔밥도 맛있고, 거기에 딸려 나오는 선짓국도 옛 맛 그대로이다. 회산연꽃방죽에서 멀지 않은 몽탄면 사창리의 녹향가든(453-8360)에서는 짚불에 구워낸 돼지구이의 독특한 맛을 볼 수 있다. 이 집의 게장비빔밥과 양파김치도 여독으로 인해 떨어진 입맛을 확 되살려준다. 그 밖에 무안 읍내의 읍사무소 옆에 위치한 무안식당(453-1919)은 양파한우고기, 해제반도의 도리포 포구에 자리잡은 백경횟집(454-6893)은 노랑가오리찜, 망운면 송현리의 곰솔가든(452-1073)은 기절낙지가 맛있는 집으로 유명하다.

▲ 대흥식당의 육회비빔밥과 쇠고기육회
▼ 녹향가든의 짚불돼지구이

가는 길

서해안고속도로 영광IC(22번 국도, 광주 방면) ▶▶ 해보면(소재지 도착 직전에 우회전, 838번 지방도) ▶▶ 용천사 입구 ▶▶ 신광(23번 국도, 함평 방면) ▶▶ 함평읍(24번 국도, 해제 방면) ▶▶ 해제반도 ▶▶ 무안(811번 지방도, 몽탄 방면) ▶▶ 몽탄 ▶▶ 회산연꽃방죽(무안군 내 곳곳에 이정표가 잘 설치돼 있다)

학원농장의 광활한 메밀밭. 완만한 구릉에 조성돼 있어서
마치 메밀밭과 하늘이 맞닿은 듯하다.

09

셋째주

골짜기와 언덕배기에 만발한 2색 꽃잔치

고창 선운산과 학원농장

메밀밭과 하늘 사이에 물결치듯 구불거리는 **지평선이 유려**하다.
메밀밭 한가운데 독야청청 서 있는 소나무도 그림처럼 아름답다. 이런 풍경 속에서
한나절쯤 소요하다 보면, 꿈결인 듯 생시인 듯 한동안은 온몸이 나른해진다.
인간이 새하얀 꽃구름 위에 서 있으니, 금방이라도 **우화등선**할 것 같다.

고창 선운산 자락에는 선운사가 있다. 선운사라
고 하면 흔히들 동백꽃부터 떠올리게 마련이다. 미당 서정주 시인의 시「선운
사 동구」도, 1970년대를 풍미했던 통기타가수 송창식이 불렀던 노래「선운
사」도 모두 선운사 동백꽃의 처연한 아름다움을 읊조렸다. 실제로 동백꽃 만
발한 선운사의 봄날은 눈부시도록 화사하다. 하지만 근래에는 봄날의 동백꽃
보다 초가을의 꽃무릇을 감상하기 위해 선운사를 찾는 사람들이 더 많다.

선운산의 꽃무릇은 매년 9월 20일 전후로 절정기를 구가한다. 천연기념물
송악이 있는 초입의 개울가에서부터 도솔암 마애불 주변의 숲에 이르기까지
수킬로미터에 걸쳐 붉은 띠가 드리워진다. 숲길을 산보하는 게 아니라 붉은
양탄자 위를 걷는 듯하다. 특히 선운사 앞쪽의 냇가와 부도밭 주변에 형성된
꽃무릇 군락은 마치 천상의 꽃밭처럼 현란하고 몽환적이다.

잎과 꽃이 만날 수 없는 운명을 타고난 꽃무릇은 사무치는 그리움을 담아
꽃을 피워올린다. 그래서일까. 붉디붉은 꽃 빛깔이 아름답다 못해 처연하기
까지 하다. 무리 지어 핀 꽃무릇을 물끄러미 보노라면, 괜스레 가슴이 두근
거리기도 하고 섬뜩한 전율마저 느껴진다.

꽃무릇에 흠뻑 빠진 사람들에게 절 구경은 뒷전이다. 그래도 선운사를 그냥
지나칠 수는 없다. 백제 위덕왕 24년(577)에 창건된 선운사는 오늘날까지도
고찰다운 정취와 풍모가 고스란히 살아 있다. 그래서 경내를 찬찬히 둘러보는
것만으로도 난마처럼 얽혀 있던 심사가 가닥가닥 추슬러진다. 해마다 꽃무릇
절정기의 주말 밤에는 산사음악회(문의·선운사 063-561-1422)도 열린다.

천년고찰 선운사를 품은 선운산(355m)은 어느 철에 찾아가도 풍광이 빼어
나다. 숲이 울창하고 기암괴석이 많아서 옛날부터 '호남의 내금강' 이라 불
린다. 더욱이 TV드라마 〈대장금〉의 촬영지로 널리 알려진 용문굴을 비롯해
진흥굴, 도솔암, 낙조대, 천마봉, 장사송(천연기념물 제354호), 도솔암마애불

선운사 부도밭 부근의 삼나무숲에서 흐드러지게 꽃을 피운 꽃무릇

(보물 제1200호) 등의 절경과 볼거리가 무수히 많다. 등산로의 경사도 완만한 편이고, 산행코스도 짧아서 가족 산행지로 아주 그만이다.

선운사 골짜기가 꽃무릇의 현란한 잔치로 들썩거릴 즈음, 고창군 공음면 선동리의 학원농장에서도 하얀 메밀꽃이 몽실몽실 피어오른다. 메밀꽃이 가장 흐드러지게 피는 9월 10일~25일 사이에는 마치 흰눈으로 뒤덮인 설원 같은 진풍경을 연출한다.

총 20여만 평의 구릉지대에 조성된 학원농장은 진의종 전 국무총리의 장남 진영호 씨가 대기업의 이사직을 그만두고 낙향해서 일군 관광농원이다. 이곳 메밀밭의 분위기는 「메밀꽃 필 무렵」의 무대로 유명한 강원도 봉평 땅의 그것과는 사뭇 다른 분위기를 자아낸다. 봉평의 메밀밭은 대체로 평평한 들녘이나 비좁은 산비탈에 메밀밭이 들어선 반면, 학원농장의 메밀밭은 어머니의 젖무덤처럼 부드럽고 편안한 구릉지대에 자리잡았다.

메밀밭과 하늘 사이에 물결치듯 구불거리는 지평선이 유려하다. 메밀밭 한 가운데 독야청청 서 있는 소나무도 그림처럼 아름답다. 이런 풍경 속에서 한 나절쯤 소요하다 보면, 꿈결인 듯 생시인 듯 한동안은 온몸이 나른해진다. 인간이 새하얀 꽃구름 위에 서 있으니, 금방이라도 우화등선을 할 것 같다. 2005년도 한국영화 최고의 흥행작 〈웰컴 투 동막골〉의 메밀밭 장면도 여기서 촬영되었다.

여행 정보 (지역번호 063)

🧳 숙박

선운사 입구에 선운사관광호텔(561-3377), 동백호텔(562-1560), 펜션 '햇살 가득한 집' (562-0320) 등이 있다. 학원농장(564-9897)도 평소에는 민박손님을 받지만, 메밀꽃이 피는 철에는 상황이 유동적이므로 미리 전화로 확인해 봐야 한다.

🍴 맛집

선운사 입구에는 그 유명한 풍천장어구이와 복분자주를 맛볼 수 있는 장어요리 전문점들이 40여 곳이나 몰려 있다. 그중 선운사 초입의 삼거리에 위치한 풍천장어쌈밥 (562-7520)과 연기식당(562-1537), 선운사 상가단지의 동백식당(562-1560) 등이 권할 만하다. 선운사와 학원농장 사이를 오가는 길에 지나는 심원면 소재지의 수궁회관

수궁회관의 굴밥과 게장정식

(564-5035)은 게장정식과 굴밥정식이 맛깔스런 집이다. 한 상 가득히 나오는 밑반찬도 맛깔스럽다. 그 밖에 고창 읍내의 조양식당(564-2026)에서는 맛깔스럽고 푸짐한 남도 한정식을 맛볼 수 있다. 학원농장 내의 식당에서는 메밀묵, 메밀국수, 메밀전 등의 메밀요리를 사 먹을 수 있다.

🚗 가는 길

서해안고속도로 선운산IC(22번 국도) ▶▶ 흥덕 ▶▶ 선운사 입구 ▶▶ 심원 ▶▶ 공음 면소재지(796번 지방도, 무장 방면) ▶▶ 용수리(학원농장 표지판이 보임, 우회전) ▶▶ 학원농장

삼선암이 빤히 보이는
죽암마을 해안에 곱게
핀 왕해국

왼쪽에는 **에메랄드빛**의
푸른 바다가 이어지고,
오른쪽에는 금방이라도
거대한 바위가 굴러 내릴 것
같은 암벽이 계속된다.
여름철에는 암벽 곳곳에
주황색 참나리꽃이 만발하고,
가을이면 보랏빛의 **왕해국**이
무리 지어 피어난다.

보랏빛 왕해국과 에메랄드빛 바다

울릉도 북면해안

울릉도는 화산섬이다. 하지만 같은 화산섬인 제주도와는 사뭇 다른 분위기를 풍긴다. 지세가 완만하고 평평한 제주도와는 달리 울릉도는 날카롭고 역동적이다. 급경사를 이루는 산자락은 바다와 맞닿아 있고, 바닷가는 깎아지른 듯한 절벽으로 둘러싸여 있다. 그래서 울릉도의 자연풍광은 우리나라의 어디에서도 찾아볼 수 없을 만큼 독특하다.

울릉도의 해안절경 가운데서도 가장 웅장하고 다채로운 느낌을 주는 곳은 현포와 섬목 사이의 북면 해안이다. 이 해안에서는 어딜 가나 송곳산(430m)이 눈에 들어온다. 송곳처럼 뾰족한 이 암봉은 해안선에서 불과 100m 이내의 거리에 솟아 있어서 실제보다 훨씬 더 높고 웅장해 보인다. 그래서 울릉도의 대표적인 절경 중 하나이자 북면 해안의 상징물로 꼽힌다. 송곳산 없는 북면 해안은 백록담 없는 한라산 또는 천지 없는 백두산이나 다름없다.

송곳산 아래를 지나온 일주도로는 북면소재지인 천부를 지나자마자 눈에 띄게 한산하다. 오가는 차들도 별로 없고 도로변에 자리잡은 마을도 죽암과 선창 두 곳뿐이다. 그 덕분에 천천히 걸으면서 섬 여행 특유의 호젓하고 쓸쓸한 정취를 만끽할 수 있다.

죽암마을에서 섬목 사이의 일주도로를 따라가면, 바다와 바위가 빚어낸 절경들이 줄을 잇는다. 왼쪽에는 에메랄드빛의 푸른 바다가 이어지고, 오른쪽에는 금방이라도 거대한 바위가 굴러 내릴 것 같은 암벽이 계속된다. 여름철에는 암벽 곳곳에 주황색 참나리꽃이 만발하고, 가을이면 보랏빛의 왕해국이 무리 지어 피어난다.

죽암마을에서 동쪽으로 1km가량 떨어진 바다에 솟은 삼선암도 볼만하다. 공암(코끼리바위), 관음도의 쌍굴과 함께 울릉도의 3대 절승으로 꼽힐 만큼 독특한 형상의 기암이다. 높이가 30~40m쯤 되는 이 바위들은 모두 선사시대의 돌칼처럼 납작하고도 날카롭다. 이 바위들 사이로 유람선이 항해하거나,

◀ 삼선암 부부바위를 지나서 관음도 방면으로 항해하는 일주유람선
▶ 선창마을 근처의 바위굴. 일주도로가 통과하는 자연터널이다.

거센 파도가 하얀 포말을 일으키며 부서지는 광경이 퍽 이국적이다.

삼선암 부근의 일주도로는 바위굴을 통과해 선창마을 앞에 이른다. 일주도로가 개설되기 전까지 선창을 끼고 있었지만, 그적의 선창은 이제 지명만 남기고 사라졌다. 선창마을 해안의 갯바위는 낚시꾼들이 즐겨 찾는 포인트이다. 파도가 아주 심한 날만 아니면, 대물을 꿈꾸며 낚싯대를 드리운 낚시꾼들이 눈에 띈다. 그들 뒤편으로는 관음도가 외로이 떠 있다. 본섬과 관음도 사이의 바다는 한달음에 건너뛸 만큼 좁다. 해안까지 흘러내린 성인봉의 줄기가 관음도 직전에서 뚝 끊긴 탓이다. 바다를 향해 길게 뻗은 산줄기는 마치 섬의 목처럼 생겼다고 해서 '섬목'이라고 불린다.

섬목의 산줄기 아래쪽에는 관선터널이 나 있다. 일주도로의 마지막 터널이다. 이곳을 지나면 곧 섬목 선착장에 다다르고, 길은 더 이상 나가지 못하고 끊긴다. 저동항을 오가는 도항선이 끊긴 뒤로 인적마저 뜸해진 섬목 선착장은 황량하기 그지없다. 눈에 보이는 것은 아득한 절벽과 바다 저편에 떠 있는 죽도뿐이다. 더 갈 수 없는 종점에서는 늘 바다가 울고 갈매기가 운다.

숙박

송곳산 아래의 추산마을에 위치한 추산일가(791-7788)는 바다 전망이 탁월한 해안절벽 위에 자리잡은 데다가 울릉도의 전통 투막집과 통나무집으로 꾸며놓은 건물이 운치 있다. 이 집의 식당에서는 해가 수평선 너머로 떨어지는 광경도 감상할 수 있다. 북면 면소재지인 천부에는 청림장(791-4049), 생수장(791-6108) 등의 여관이 있다.

대아호텔 전경

울릉도 전체의 숙박업소들 중에서는 사동리 해안의 산중턱에 자리잡은 대아호텔(791-8800, www.daearesort.com)이 여러 모로 가장 좋다. 총 3만 2000여 평의 부지에 총 140실 규모의 호텔과 식당, 노래방, 사우나, 수영장 등의 부대시설을 두루 갖춘 종합리조트이다. 그 밖에 울창한 숲을 끼고 있는 울릉마리나관광호텔(사동, 791-0020), 깔끔한 신축 건물의 칸모텔(도동항, 791-8600)과 황제모텔(저동, 791-8900) 등도 추천할 만하다.

맛집

천부리의 골목길에 위치한 신애분식(791-0095)은 분식 대신에 백반, 떡국, 볶음밥, 비빔국수, 손칼국수 등을 내놓는 음식점이다. 그 가운데서도 따개비를 넣은 손칼국수 맛이 일품이다. 도동항에서는 99식당(따개비밥, 791-2287), 보배식당(홍합밥, 791-2683), 향우촌(울릉약소구이, 791-8383), 우성식당(활어회, 791-3127) 등이 한 번쯤 들러봄직한 맛집이다.

신애분식의 백반

가는 길

버스 울릉도 전역을 일정한 간격으로 운행하는 우산버스(791-2179)가 있고, 가이드가 동승해서 상세히 안내해 주는 울릉관광(791-0066), 우산관광(791-8888) 등의 관광버스도 많이 있다.

택시 개인택시(791-2612)와 울릉택시(791-2315) 소속의 일반택시가 있다. 모두 갤로퍼 택시이며, 약 4~5시간이 소요되는 일주코스는 택시 1대당 12만 원가량을 받는다.

강원도 최고의 억새 명소로 유명한 민둥산의 억새밭.
10월 초순부터 중순 사이에 절정을 이룬다.

10

가을 햇살 아래 일렁이는 은빛 바다

정선 민둥산

민둥산 능선은 지명 그대로 **민둥산**이다. 화전 일구던 시절에 농사를
짓기 위해 해마다 불을 놓았던 탓이다. **화전민들**의 치열한 삶터가 이제 정선군의
대표적인 가을 여행지로 바뀌었다. 지금도 능선에는 키 큰 나무를 찾아보기가 어렵다.
또 완만한 능선이 온통 **억새밭**으로 뒤덮여 있어서 전망이 아주 활달하다.

시월에는 가을이 깊다. 어디를 가나 가을빛이 찬란하다. 산자락은 만산홍엽을 이루고, 내내 황량해 보이던 초원은 온통 눈부신 억새 물결이다. 단풍과 억새는 거의 같은 때에 절정기를 구가한다. 숲 좋은 산자락이 오색으로 물들면, 능선의 억새밭도 은빛 바다로 변신한다.

억새는 유달리 억세다. 생명력이 강해서 아무 데서나 잘 자란다. 무르익은 가을날에 도시를 벗어나기만 하면 억새밭을 쉽게 볼 수 있다. 그러나 수십만 평 규모의 광활한 억새밭은 흔치 않다. 장흥 천관산, 창녕 화왕산, 포천 명성산, 밀양 재약산, 양산 천성산, 울산 신불산, 정선 민둥산 등 손가락을 꼽을 정도에 불과하다. 그중 강원도 정선군 남면의 민둥산은 사람 키보다 웃자란 억새가 빼곡한 데다가 억새밭 능선에 오르기도 수월한 편이다.

민둥산 억새밭에 쉽게 오르려면 발구덕마을에서 산행을 시작하는 것이 좋다. 해발 800m대의 민둥산 중턱에 자리잡은 마을로 정상 높이가 해발 1109m이므로 약 300m의 표고차만 극복하면 정상에 올라선다. 더욱이 발구덕마을과 민둥산 정상 부근에는 카르스트 지형의 일종인 '돌리네(doline)'가 군데군데 형성돼 있다. 돌리네는 석회암의 주성분인 탄산칼슘이 지하수에 녹아서 깔때기 모양으로 움푹하게 꺼진 웅덩이를 가리킨다. 지름이 1m도 안 되는 것부터 100m가 넘는 것까지 다양한 규모를 보이는데, 민둥산 일대에만 모두 12개의 돌리네가 있다고 한다. 특히 민둥산 정상 부근의 돌리네는 화산 분화구처럼 크고 웅장하다.

발구덕마을에서 임도를 따라 20분쯤 가면 민둥산 오르막길이 본격적으로 시작되는 곳에 이른다. 여기서부터 능선에 올라설 때까지 20~30분 동안은 급경사의 비탈길이다. 오르막 구간이 별로 길지는 않아도, 워낙 가파르다 보니 가다 쉬기를 수시로 되풀이할 수밖에 없다. 더군다나 등산객이 몰리는 억새 절정기의 주말이나 휴일에는 걷는 시간보다 서서 기다리는 시간이 더 많다. 그래도 일단 능선에 올라서면 억새 물결을 헤쳐가는 즐거움과 가슴이 뻥 뚫리는 상쾌함을 만끽하게 된다.

민둥산 능선은 지명 그대로 민둥산이다. 화전 일구던 시절에 농사를 짓기 위해 해마다 불을 놓았던 탓이다. 화전민들의 치열한 삶터가 이제 정선군의 대표적인 가을 여행지로 바뀌었다. 지금도 능선에는 나무 한 그루를 찾아보기가 어렵다. 또 완만한 능선이 온통 억새밭으로 뒤덮여 있어서 전망이 아주 활달하다. 발 아래에는 증산역 부근의 마을과 38번 국도가 한눈에 내려다보이고, 사방으로는 백두대간의 첩첩한 산봉우리가 장쾌하게 시야에 들어온다.

발구덕마을에서 민둥산 정상까지 올라갔다가 내려오는 데에는 2~3시간이면 충분하다. 능선에는 샘이 없으므로 생수도 한 병쯤 챙겨 가야 한다. 민둥산 억새밭이 가장 아름다울 때는 10월 초순에서 중순 사이이며, 그맘때쯤에는 억새축제도 열린다.

민둥산의 억새꽃이 만발할 즈음에는 동면의 소금강 일대도 화려한 단풍으로 채색된다. 이곳의 풍광은 예로부터 아름답기로 유명했는데, 「정선아라리」

◀ 민둥산 정상 부근의 돌리네. 땅속의 석회암이 지하수에 용식되면서 푹 꺼져 생긴 카르스트 지형이다.
▶ 깎아지른 암벽 위에 노송 고사목이 서 있는 몰운대

에도 '정선의 구명舊名은 무릉도원이 아니냐 / 무릉도원은 어데 가고 산만 충충하네 / 일강릉 이춘천 삼원주라 하여도 / 놀기 좋고 살기 좋은 곳은 동면 화암이로다' 라는 노랫말이 전해온다. 특히 화암약수, 거북바위, 용마소, 화암동굴, 화표주, 설암, 몰운대, 광대곡 등은 '화암팔경'으로 꼽히는 절승이다. 이 절경들은 광대곡 입구의 몰운리에서 화암리 사이의 424번 지방도를 타고 가면 편하게 감상할 수가 있다. 두 눈이 휘둥그레질 만큼 수려한 풍광이 산행의 피로를 말끔히 씻어준다.

여행 정보 (지역번호 033)

숙박

민둥산에서 가까운 숙박업소는 증산역 부근의 리버사이드모텔(592-3326)이다. 화암팔경 주변에는 그림바위호텔(563-6222), 화암장(562-2374) 등이 있고, 정선 읍내에는 아름장(562-8221), 하얏트파크(562-5666) 등 숙박업소가 많이 있다.

맛집

정선역 부근의 동광식당(563-0437)은 정선의 특산물인 황기를 넣고 푹 고은 황기족발이 기막히게 맛있고 콧등치기국수도 별미다. 정선 읍내 봉양파출소 옆의 정선골황기보쌈(563-8114)도 황기보쌈과 손만두 맛이 일품이다. 그 밖에 정선 읍내에는 처갓집식당(산초두부전골, 562-9600), 동박골식당(곤드레나물밥, 563-2211) 등 강원도 산간지방의

동광식당의 황기족발

토속음식을 맛볼 수 있는 음식점이 많다. 동면 화암리의 향림식당(562-2358)은 표고버섯죽과 표고전골을 잘하는 집이다.

가는 길

영동고속도로 진부IC(59번 국도) ▶▶ 정선읍 ▶▶ 덕우 삼거리(직진, 421번 지방도) ▶▶ 화암리(직진, 424번 지방도) ▶▶ 몰운리 삼거리(우회전, 424번 지방도) ▶▶ 발구덕마을 ▶▶ 민둥산

오색단풍숲 속의 고즈넉한 옛길

인제 물굽이계곡

단풍 빛깔이
은근하면서도 화려한
물굽이계곡의 활엽수림

물굽이계곡은 물빛이
유리알처럼 맑고 투명할 뿐만
아니라, 활엽수림의
화사한 단풍과 곧게 뻗어
올라간 소나무의 조화가
빼어나다. 더욱이 유명세를
타지 않은 곳이라, 절정의
단풍철에도 인적이 드물다.

우리나라의 단풍은 설악산 대청봉에서부터 내려온
다. 9월 하순경부터 대청봉을 벌겋게 물들이기 시작한 단풍은 하루 20km의
속도로 남하하면서 11월 중순까지 전 국토를 붉게 물들인다. 본격적인 단풍
철의 시작을 알려주는 설악산은 우리나라 최고의 단풍 명산이다. 특히 산세
가 빼어나고 계곡미가 수려한 설악산의 천불동, 가야동, 수렴동 등지의 계곡
을 뒤덮은 단풍은 가히 환상적이다.

그러나 설악산의 단풍 구경은 결코 만만치 않은 일이다. 꼬리에 꼬리를 무
는 차량 행렬과 인파로 인해 가는 길마다 막히고, 가는 곳마다 인파에 치인
다. 그 정도가 심한 경우, 모처럼 만의 가족나들이가 두고두고 잊지 못할 악
몽으로 남을 수 있다. 그래도 설악산 언저리의 현란한 단풍을 봐야만 직성이
풀리겠다면, 인제 물굽이계곡으로 가라.

물굽이계곡은 설악산 미시령 북쪽의 신선봉(1204m)과 마산(1051m) 사이에
자리잡고 있다. 행정구역상으로는 강원도 인제군과 고성군의 경계에 걸쳐 있
다. 이 계곡은 불과 100여 년 전까지만 해도 영동과 영서를 잇는 중요한 교
통로였다. 미시령 길은 이미 고려시대부터 뚫려 있었지만, 산세가 너무 험준
하고 사고의 위험이 높아서 조선시대에 한때 폐쇄되었다. 그리고 한계령은
1971년, 진부령은 일제시대에 개통되었다. 그러니 그 옛날 강원도 고성, 양
양 등지의 해안지방 주민들이 인제나 양구, 한양으로 가려면 먼저 가파른 대
간령(647m의 큰새이령) 고갯길을 넘고 물굽이계곡을 건너야 했다.

계곡 중간쯤에 위치한 마장터마을의 주막에서 시장기를 면한 길손은 다시
걸음을 재촉했다. 깊은 산중의 오솔길을 지나고 소간령(작은새이령)을 넘어서
야 비로소 인제 땅의 창암마을(지금의 인제군 북면 용대리)에 당도할 수 있었다.
오늘날 귀틀집 몇 채가 남아 있는 '마장터'라는 지명도 대간령과 물굽이계
곡을 오르내리던 길손들에게 먹을 것과 잠자리를 제공하기도 하고, 말의 편

▼ '선녀와 나무꾼' 전설을 떠올리게 하는 물굽이계곡의 이름 없는 소
▶ 도적소의 둥그런 소와 비단결처럼 고운 폭포수

자를 바꿔주거나 여물을 주었던 데서 비롯되었다고 한다.

물굽이계곡은 물빛이 유리알처럼 맑고 투명할 뿐만 아니라, 활엽수림의 화사한 단풍과 곧게 뻗어 올라간 소나무의 조화가 빼어나다. 더욱이 유명세를 타지 않은 곳이라, 절정의 단풍철에도 인적이 드물다. 또한 계곡 초입의 흘리마을과 최상단인 대간령 간의 표고차가 200m에 불과할 정도로 숲길의 경사가 완만하다. 그래서 산책하듯 가벼운 기분으로 오르내릴 수 있다.

물굽이계곡은 알프스리조트를 끼고 있는 고성군 간성읍 흘리마을에서 계곡길을 따라서 들어갈 수도 있지만, 용대 삼거리에서 들고나는 것이 몸도 편하고 길 찾기도 수월하다. 용대리에서 마장터를 거쳐 대간령까지 왕복하는 데에는 약 4~5시간이 소요된다.

시간 여유가 있다면 용대리에서 지척 거리인 도적소도 들러봄직하다. 도적소는 미시령을 넘어가는 56번 국가지원지방도 아래의 계곡에 있다. 도보로 미시령을 넘던 옛적에 도적떼가 숨어 있다가 고갯길을 오가는 나그네들의 재물을 빼앗고는 이 폭포에 빠뜨려 죽였다는 전설이 전해온다.

도적소 입구는 쉽게 찾을 수 있다. 인제군 북면 용대 삼거리에서 56번 지방도를 따라 미시령 쪽으로 5km쯤 가다보면, 도적폭포모텔 간판이 눈에 띈다. 이 모텔 앞의 미시령계곡 물길과 나란히 이어지는 오솔길을 15분쯤 걸으면 도적소에 당도한다. 찻길에서 바로 내려가는 방법도 있지만, 밧줄을 잡고 오르내려야 할 정도로 경사가 급하고 위험하다.

섬뜩한 전설과는 달리, 실제로 찾아본 도적소는 항아리처럼 둥그런 소와 비단결처럼 고운 폭포수가 어우러져서 선경을 이룬다. 물론 폭포 주변의 단풍도 빛깔이 무척이나 곱고 다채롭다. 호젓한 단풍 숲길을 걸으며 가을의 정취를 즐기려는 낭만주의자나 젊은 연인들에게 추천하고 싶은 곳이다.

여행 정보 (지역번호 033)

숙박

물굽이계곡에는 숙식시설이 전혀 없으므로 인제 용대리 용대자연휴양림(462-5031, www.huyang.go.kr) 내의 통나무집이나 권가락지민박(462-9630), 고성 진부령의 알프스리조트(681-5030), 백담사 초입의 만해마을(462-2303, www.manhae.net)과 맑은내펜션(462-6640), 용대 삼거리의 산수황토방(462-1949) 등의 숙박업소를 이용해야 한다. 그리고 도적소폭포 입구의 도적폭포산장(462-3356)에서도 숙식이 가능하다.

맛집

인제군 용대 삼거리에서 진부령 쪽으로 1km쯤 떨어진 곳에 위치한 용바위식당(462-4079)은 황태덕장을 운영하는 황태 요리 전문점이다. 그 밖에 백담사 입구의 설화가든(황태요리, 462-9351)과 백담순두부돌이네집(순두부정식, 462-0001), 오색 약수터의 남설악식당(산채정식, 672-3159) 등도 소문난 맛집이다.

용바위식당의 황태구이 정식

가는 길

서울(6번 국도) ▶▶ 양평(44번 국도) ▶▶ 인제 한계리(46번 국도) ▶▶ 용대 삼거리(주차) ▶▶ 물굽이계곡. 물굽이계곡으로 가는 길은 용대 삼거리의 주민들에게 물어보는 것이 가장 정확하다.

주왕산 제1폭포 입구의 높은 바위 위에서 바라본 주방천계곡. 학소대, 급수대,
서방바위 등의 암봉과 기암 사이로 흐르는 물길이 웅장한 협곡을 만들었다.

이국적 풍광의 협곡과 신비감 물씬한 못

청송 주왕산과 주산지

계곡길을 따라서 걸어가다보면 아들바위, 촛대봉, 망월대,
급수대, 학소대, 시루봉 등의 기암과 암봉들이 줄지어 나타난다.
눈에 들어오는 암봉마다 위압감이 느껴질 정도로 규모가 거대하고 형상이
비범하다. 마치 미국의 그랜드캐니언 같은 협곡에 들어선 듯한 느낌이다.

 제일의 명소는 주왕산(720m)
이다. 숲이 울창하고 암봉이 기묘해서 국립공원으로도 지정된 주왕산은 설악
산 못지않게 화사한 단풍을 자랑한다. 조선 중기의 실학자 이중환이 쓴 『택
리지』에도 주왕산은 "모두 돌로써 골짜기 동네를 이루어 마음과 눈을 놀라
게 하는 산"이라고 적혀 있다.

주왕산의 대표적인 절경들은 주방천계곡을 따라 대전사에서 내원동까지 걸
어가면 대부분 감상할 수 있다. 4시간쯤 소요되는 이 왕복코스의 길이는 총
9km쯤 된다. 산행코스가 너무 길거나 짧지도 않은 데다 경사가 완만한 편이
고, 풍광이 아름다워서 단풍 구경을 겸한 당일 트레킹코스로 안성맞춤이다.

주왕산국립공원 상의매표소를 지나면 이내 대전사에 들어선다. 절집보다
도 뒤편에 '뫼 산山' 형태로 우뚝 솟은 깃대봉(기암)이 더 눈길을 끈다. 대전
사를 지나면서부터 길은 줄곧 주방천계곡의 물길을 따라 이어진다. 평상시
계곡의 물줄기는 실개천처럼 가늘다. 그런데도 물빛은 유리처럼 투명하다.
잠시 소에 머무는 계류의 물빛이 붉은 단풍잎과 또렷이 대비되어 더욱 짙푸
르다.

계곡길을 따라서 걸어가다 보면 아들바위, 촛대봉, 망월대, 급수대, 학소
대, 시루봉 등의 기암과 암봉들이 줄지어 나타난다. 눈에 들어오는 암봉마다
위압감이 느껴질 정도로 규모가 거대하고 형상이 비범하다. 마치 미국의 그
랜드캐니언 같은 협곡에 들어선 듯한 느낌이다. 게다가 오색의 단풍숲 위로
불끈 치솟은 잿빛의 암봉은 매우 낯선 풍경을 자아낸다.

주방천계곡에는 제1·2·3폭포가 있다. 서로 적당한 거리를 두고 떨어져
있어서 등산객들에게는 이정표 역할을 한다. 사실 주왕산 트레킹코스는 이
폭포들을 찾아가는 코스나 다름없다. 세 폭포의 분위기와 형태는 저마다 독
특하다. 아주 비좁은 협곡의 암벽을 뚫고 쏟아지는 제1폭포는 조각 작품처럼

주산지의 해질녘 풍경. 거울 같은 수면에 오색단풍과 아름드리 왕버드나무가 고스란히 내려앉았다.

예술적이고 섬세한 분위기를 풍긴다. 상대적으로 외진 곳에 위치한 제2폭포(용폭포)는 표주박 형상의 2단 폭포이고, 맨 위쪽의 제3폭포(쌍폭포)는 가장 규모가 크고 웅장하지만 형태는 비교적 평범하다.

주왕산 트레킹은 대개 제3폭포에서 마무리된다. 오던 길을 되돌아가는 일만 남았다. 하지만 체력과 시간의 여유가 있다면, 내친 걸음에 내원동까지 다녀오는 것이 좋다. 제3폭포에서 내원동까지는 왕복 1시간가량이 소요된다.

내원동마을까지 둘러보고 나면, 짧은 가을 햇살은 어느덧 서쪽 하늘로 기울어지기 십상이다. 그러니 천상 하룻밤 묵을 수밖에 없다. 더군다나 주산지의 매혹적인 새벽 풍경을 보려면 청송 땅에서의 하룻밤 여정은 피하기 어렵다.

주산지는 청송군 부동면 이전리에 있다. 면적 6000평, 길이 100m, 너비 50m, 수심 10m쯤 되는 이 못은 인공저수지이다. 조선 경종 2년(1721)에 완공되었다고 한다. 지금도 주민들은 이 물로 벼농사를 짓거나 그 유명한 '청송사과'를 재배한다. 근래에 김기덕 감독의 영화 〈봄 여름 가을 겨울 그리고 봄〉의 촬영지로 알려지면서 이곳을 찾는 관광객의 수가 크게 늘었다.

외딴 산중에 자리한 주산지에는 30여 그루의 아름드리 왕버드나무가 물에 반쯤 잠겨 있다. 여전히 계절의 변화에 순응하며 잎이 돋고 단풍이 들며 낙엽을 떨구는 나무들이다. 수면이 거울처럼 잔잔하면 수면의 위와 아래에 똑같은 형상의 왕버드나무가 수십 그루씩 복제되는 이채로운 풍광을 볼 수 있다. 게다가 물안개가 피어오르는 새벽녘에는 신비감마저 느껴진다. 홀로 이 풍경을 지켜보고 있으니, 어느 순간 내가 사라져버리는 듯하다. 반쯤 물에 잠긴 나무로 변해서 영원히 그 물속을 빠져나오지 못할 것 같은 두려움이 엄습한다. 그러니 아무도 없는 새벽에 주산지를 혼자 찾는 것은 삼갈 일이다.

여행 정보 _(지역번호 054)

🛄 숙박

주왕산국립공원 주변에는 주왕산관광호텔(874-7000), 궁전모텔(874-1611), 주왕산가든여관(874-0088), 대경장모텔(873-6897) 등의 숙박업소가 많다. 주산지에서는 주산지민박(873-4093)이 가장 가까운 민박집이다. 그리고 파천면 덕천리의 송소고택(873-0234, www.songso.co.kr)에서는 옛 양반 가옥에서 하룻밤 묵으며 전통놀이도 즐기는 이색 체험이 가능하다.

🍴 맛집

주왕산 대전사 입구의 상가지구에는 수달래식당(873-3052)를 비롯해 산채정식, 도토리묵, 파전 등을 내놓는 음식점들이 몰려 있다. 주산지 입구의 주차장과 도로변에는 사과밭이 많다. 당도 높고 향기 좋기로 유명한 진짜 '청송사과' 를 비교적 저렴하게 구입할 수 있다.

수달래식당의 산채정식

🚗 가는 길

중앙고속도로 서안동IC(34번 국도) ▸▸ 안동 ▸▸ 진보(31번 국도) ▸▸ 청송터널 ▸▸ 청운 삼거리(914번 지방도) ▸▸ 주왕산국립공원 ▸▸ 주왕교 삼거리(914번 지방도) ▸▸ 부동면소재지 ▸▸ 주산지

아름드리 은행나무가 지켜온 조선의 정원

영양 서석지

입암면 연당마을 서석지의
해묵은 은행나무

서석지 안에는 선유석,
통진교, 희접암, 어상석,
낙성석 등으로 이름 붙여진
20개의 괴석이 촘촘히 놓여
있다. **연못가**에는 서재인
주일재와 정자인 경정이
자리잡았다. 서재 앞의
사우단에는 **선비들의 절개**를
상징하는 소나무, 대나무,
매화, 국화 등이 자란다.

경북 영양군은 매년 '고추아가씨선발대회'가 열릴 정도로 고추가 유명하다. 하지만 영양고추는 알아도 영양군에 가봤다는 사람은 드물다. '육지 속의 섬'이라 불릴 만큼 외진 고장으로 알려진 탓이다. 유명 관광지가 별로 없다는 점도 외지인들의 발길이 뜸한 이유에 든다. 하지만 다른 고장에서는 새마을운동과 산업화에 밀려 이미 퇴색해 버린 우리 문화의 원형이 쉽게 눈에 띈다.

나직한 죽담이 둘러쳐진 고샅길, 산자락을 등지고 앉은 옛집, 까치밥이 주렁주렁 달려 있는 감나무, 그리고 부드러운 낯빛과 넉넉한 인심을 간직한 사람들……. 그런 영양 땅에서는 눈보다도 마음이 먼저 즐거워진다.

영양군의 한복판으로는 낙동강 지류인 반변천이 흐른다. 청송에서 영양으로 가는 31번 국도도 이 물길을 끼고 이어진다. 굽이치는 물길 따라 찻길도 구불거린다. 반변천이 태극을 그리며 굽이도는 입암면 봉감마을에는 흔치 않은 석탑 하나가 서 있다. 봉감모전오층석탑(국보 제187호)이다. 벽돌로 쌓은 전탑 형상이지만, 실은 벽돌 모양으로 다듬은 돌로 쌓았다. 탑의 위용이 듬직하고도 장중하다. 게다가 전체적인 비례미와 균형감이 돋보이고, 주변의 자연과도 썩 잘 어울린다.

영양 땅의 오래된 마을들은 대개 배산임수형背山臨水形이다. 산자락에 등을 대고 앉아서 굽이치는 강물을 바라보는 형국이다. 그 대표적인 곳이 입암면 연당마을이다. 이 마을의 동구 밖에는 선바위, 즉 입암과 남이포가 있다. 조선 세조 때에 남이장군이 토적 아룡의 일당을 물리쳤다는 남이포에서 반변천 본류와 동천이 합쳐진다. 합수머리의 절벽 아래에는 근래 지어진 정자도 하나 있고, 그 일대의 강변에는 음악분수, 분재전시관, 산책로 등이 조성돼 있어 잠시 쉬어 가기에 좋다.

연당마을에는 완도 보길도의 부용정, 담양의 소쇄원과 함께 우리나라 3대

◀ 입암면 봉감마을 강변의 야트막한 둔덕 위에 세워져 있는 봉감모전오층석탑
▶ 주실마을 호은종택의 사당과 감나무

민간 정원으로 꼽히는 서석지瑞石池(중요민속자료 제108호)가 옛 모습 그대로 남아 있다. 대문을 열고 안으로 들어서면, 마당 대신 네모진 연못이 먼저 눈에 띈다. 이 연못이 바로 서석지이다.

서석지 안에는 선유석, 통진교, 희접암, 어상석, 낙성석 등으로 이름 붙여진 20개의 괴석이 촘촘히 놓여 있다. 연못가에는 서재인 주일재와 정자인 경정이 자리잡았다. 서재 앞의 사우단에는 선비들의 절개를 상징하는 소나무, 대나무, 매화, 국화 등이 자란다. 경정의 툇마루에 올라서면 서석지와 사우단이 죄다 시야에 들어온다. 이 모든 조영이 사람의 손으로 이루어졌는데도 인위적인 기교가 드러나 보이지 않는다.

대문 앞쪽으로 불거진 모서리의 행단에는 몇 백 년 묵은 은행나무가 서 있다. 매년 10월 중순경이면 나뭇가지마다 빈틈없이 매달린 황금빛 은행잎이 화사하기 그지없다. 절정의 가을날에 영양 땅을 찾는 것도, 이 은행나무의 샛노란 단풍에 현혹된 탓이다.

영양군은 문향文鄕이다. 당대 최고의 베스트셀러 작가인 이문열과 「승무」

152

로 유명한 조지훈 시인이 영양 출신의 대표적인 작가다. 조지훈은 일월면의 주실마을에서 나고 자랐다. 옛날부터 시인의 고향 사람들은 입신양명보다 학문을 이루는 데 더 진력했다고 한다. 오늘날에도 교육열이 유독 강해서 수많은 박사와 교수를 길러낸 마을로 유명하다. 마을 곳곳에는 조지훈의 생가인 호은종택을 비롯해 여러 고가들이 여전히 번듯하다. 그래서인지 마을 분위기가 차분하고 고즈넉하다. 예스러운 고샅길을 자분자분 걷노라면, 어디선가 낭랑하게 글 읽는 소리가 들려오는 듯하다.

여행 정보 (지역번호 054)

숙박

서석지에서 가까운 입암면소재지에는 삼영모텔(682-2157)이 있고, 영양 읍내에는 신라장 (683-3284), 목화장(683-1514), 궁전장(682-6964) 등 모텔과 여관이 많다. 수비면 신원리에 는 산림청 직영의 검마산자연휴양림(682-9009, www.huyang.go.kr)이 들어서 있다. 오지마을인 수비면 수하리의 수하청소년수련원(683-8987, www.isytc.com) 내에도 숙박시설이 잘 갖춰져 있다. 단체실은 80명 이상의 수용이 가능하고, 펜션형 건물의 가족관은 7~14평형으로 크기가 다양해서 4~12인까지 인원수에 따라 선택할 수 있다.

맛집

입암면 소재지에 위치한 낙동식당(682-4070)은 민물매운탕을 잘 끓이는 집으로 유명하다. 영양 읍내에서는 삼양식당(산채정식, 682-4770)을 비롯해 맘포식당(숯불구이, 683-2329) 등이 맛집으로 꼽힌다.

맘포식당의 송이불고기

가는 길

중앙고속도로 서안동IC(34번 국도) ▶▶ 안동 ▶▶ 월전 삼거리(좌회전, 31번 국도) ▶▶ 입암(좌회전, 911번 지방도) ▶▶ 연당마을 ▶▶ 청기면 소재지 ▶▶ 가곡 삼거리(우회전, 918번 지방도) ▶▶ 주실마을

조계산 동남쪽 기슭에 자리잡은 선암사의 대웅전과 삼층석탑

가장 한국적인 멋과 정취를 간직한 고찰

순천 선암사

선암사를 껴안은 **조계산**은 숲이 아주 좋다. 산세도 그리 험하지 않아서
괜한 긴장감을 불러일으키지 않는다. 조계산 자락의 두 명찰인 **선암사와 송광사**
사이에는 산허리를 타고 가는 **오솔길**이 나 있는데, 낙엽이 수북하게 깔리는
만추의 오솔길로 이곳만큼 멋스런 길을 찾아보기 어렵다.

남도의 단풍 명소로는 흔히들 장성 백양사를 첫손 가락에 꼽는다. 하지만 전체적인 풍경과 정취는 순천 조계산 자락의 선암사가 더 낫다는 사람들이 적지 않다. 선암사는 국보급 유물이 하나도 없는 고찰이지만, '절집의 그윽한 운치와 예스러운 멋만큼은 국보급이 되고도 남는 절'로 평가된다.

운치 좋은 절은 들어가는 길부터가 남다르다. 선암사도 그렇다. 초입은 다소 번잡하지만, 일단 숲길에 들어서면 자연의 소리가 끊이질 않는다. 길과 계곡과 숲이 나란히 이어지는 덕택에 청량한 물소리와 낭랑한 새소리가 귀를 즐겁게 한다. 길가에는 참나무, 단풍나무, 생강나무 등의 활엽수가 울창해서 빛 좋은 가을날에는 은근하고도 화사한 단풍 터널이 형성된다.

선암사에서 맨 먼저 사람들을 반기는 것은 한 쌍의 목장승이다. 왕방울만 한 눈을 부라리며 길가에 서 있는 모습이 우스꽝스러우면서도 정겹다. 목장승을 뒤로하고 모롱이를 하나 돌아서면 승선교(보물 제400호)가 시야에 들어온다. 조선 후기에 세워진 무지개다리인데, 하늘로 오르는 신선처럼 맵시가 우아하다. 승선교 아래쪽에도 아름답고 튼튼한 무지개다리가 하나 더 있다.

태고종의 종찰인 선암사는 백제 성왕 7년(529)에 아도화상이 창건했다고 전해진다. 그러나 오늘날 선암사에서 볼 수 있는 대웅전, 원통전, 팔상전, 천불각, 강선루 등의 전각은 모두 조선 숙종 이후에 지어졌다. 이곳의 전각은 대체로 의연하고 당당하면서도 위압적이지는 않다. 더욱이 건물마다 단청이 바랬거나 아예 칠해져 있지 않아서 세월의 더께와 나뭇결이 고스란히 드러난다. 전체적으로 소박하면서도 고풍스런 아름다움이 짙게 배어난다.

선암사를 이야기할 때 차밭을 빼놓을 수 없다. 다선일여茶禪一如의 전통을 이어온 선암사에는 넓은 야생차밭이 있다. 예로부터 선암사 차는 맛과 향이 좋기로 이름 높았다. 무려 800년이나 되었다는 차밭은 일주문 앞의 활엽수

◀ 낙안읍성 민속마을의 늦가을 초저녁 풍경
▶ 조계산의 산허리를 타고 가는 오솔길. 낙엽이 두텁게 깔려 있어 융단처럼 푹신하다.

림과 경내 뒤편의 산비탈에 자리잡았다. 가을부터 초겨울 사이에는 정갈하고 향기 좋은 차꽃을 볼 수 있다. 또한 뒤편의 차밭 가장자리에는 우람한 은행나무들이 몇 그루 자라고 있다. 해마다 무르익은 가을이면 소슬한 갈바람에 우수수 떨어지는 은행잎이 장관이다.

선암사를 껴안은 조계산은 숲이 아주 좋다. 산세도 그리 험하지 않아서 괜한 긴장감을 불러일으키지 않는다. 조계산 자락의 두 명찰인 선암사와 송광사 사이에는 산허리를 타고 가는 오솔길이 나 있는데, 낙엽이 수북하게 깔리는 만추의 오솔길로 이곳만큼 멋스런 길을 찾아보기 어렵다. 총 거리도 6.7km 정도에 불과해서 느긋하게 서너 시간만 걸으면 반대편의 종점에 다다를 수 있다. 도중에 선암굴목재와 송광굴목재라는 두 고개를 넘어야 하지만, 피하고 싶을 정도로 험한 고갯길은 아니다. 길의 중간쯤에는 조계산의 명물로 유명한 보리밥집이 있어서 산행하느라 허기진 배를 채울 수 있다.

선암사를 찾은 김에 낙안읍성을 그냥 지나칠 수 없다. 선암사에서 낙안읍성까지는 20km도 채 안 되는 포장도로가 이어진다. 평평한 들녘에 자리잡은 낙안읍성은 언제 찾아가도 아늑하고 정겹다. 성 안의 마을에는 지금도 60여

156

가구의 주민들이 살고 있다. 그래서 마치 먼길을 에돌아서 다시 찾은 고향
같다. 오래전에 기억조차 희미해지고, 그보다 더 오래전에 원형을 잃어버린
고향의 옛 모습이 고스란히 살아 있다.

여행 정보(지역번호 061)

숙박

선암사 부근의 숙박업소들 중에서는 승평호 호숫가에 위치한 아젤리아호텔(754-7000,
www.hotelazalea.com)이 가장 괜찮다. 객실에서도 승평호와 조계산이 한눈에 들어온다.
선암사 입구에는 선암장(754-5666), 초원장(754-5811) 등의 여관과 민박집이 많고, 낙안읍
성 민속마을에는 김영호(754-2968), 서정인(754-3395), 노순엽(754-6606) 씨댁 등의 초가
집 민박이 여럿 있다.

맛집

국일관의 한정식

선암사 입구에는 장원식당(754-6362), 길상식당(754-5599)
등을 비롯한 산채요리 전문점이 많다. 낙안읍성 민속마을
에는 예로부터 '팔진미'가 유명하다. 읍성 내의 향토음식
점에서는 모두 팔진미백반(1인분 1만 원)을 내놓는다. 낙안
읍성에서 승용차로 10여 분 거리인 보성군 벌교 읍내에도
벌교우렁집(우렁이회무침, 857-7613), 대양식당(백반, 857-
0343), 국일식당(한정식, 857-0588) 등 썩 괜찮은 맛집들이 많다.

가는 길

호남고속도로 승주IC ▶▶ 승주읍 소재지(857번 지방도) ▶▶ 죽학 삼거리(우회전) ▶▶ 선암사 ▶▶ 죽
학 삼거리(우회전) ▶▶ 낙안읍성

단풍이 곱게 물든 상림 숲길을 걸어가는 아이들

11

첫째 주

천 년의 풍상 속에서 대자연을 이룬 인공숲

함양 상림

인공숲인 **상림**은 웬만한 천연숲보다 더 천연스럽다.
울창한 숲속의 한복판에는 흙 냄새 짙은 오솔길과
청량한 물소리를 쉼없이 쏟아내는 **실개천**이 길게 뻗어
있어 언제나 그윽한 운치가 느껴진다.

가을빛이 점차 스러지다 겨울의 문턱을 슬그머니 넘는 11월이다. 중부지방의 단풍 명소들은 이미 11월 초순에 화려한 가을잔치를 끝냈다. 이제는 잔치판을 정리한 뒤에 쓸쓸하고도 황량한 겨울 채비를 서둘러야 할 때이다. 그러나 남부지방의 가을은 이달에 들어와서야 절정의 화려함을 보여준다.

남부지방에도 이름난 단풍 명소가 많다. 하지만 내 기억 속에 가장 깊이 각인돼 있는 곳은 함양 상림(上林, 천연기념물 제154호)이다. 소슬해진 갈바람에 낙엽이 우수수 흩날리는 만추가 되면, 상림의 낙엽 쌓인 오솔길을 하염없이 거닐고 싶어진다. 상림의 오솔길에서는 실연 당한 사내의 쓸쓸한 뒷모습조차도 영화 속의 주인공처럼 근사하다.

상림은 경남 함양군 함양읍 대덕리의 위천 가에 자리잡은 인공숲이다. 통일신라 말기인 진성여왕 때에 천령(지금의 함양) 태수를 지냈던 고운 최치원 (857~?)이 조성했다고 전해진다. 최치원은 함양의 한복판을 가로지르는 위천이 자주 넘치는 바람에 백성들의 고통이 적지 않음을 안타깝게 여겼다. 그래서 백성들로 하여금 둑을 쌓아서 위천의 물길을 돌려놨다. 그리고 새로 쌓은 둑을 따라 나무를 심도록 해서 대관림大館林을 조성했다. 그 이후 대홍수로 인해 둑의 중간이 잘려 나가자 대관림은 상림과 하림으로 나뉘어졌다. 그러다 마침내 하림은 없어지고, 오늘날에는 길이 1.6km, 폭 80~200m, 면적 6만 3000여 평의 상림만 남게 되었다. 무려 천 년이 훨씬 넘는 세월 동안 갖은 우여곡절을 다 겪어온 셈이다.

오늘날 상림에는 100여 종, 2만여 그루의 활엽수가 빼곡히 들어차 있다. 그중에는 수령 400년의 아름드리 느티나무도 있다. 또한 천연기념물로 지정된 우리나라의 숲 중에서는 유일하게 낙엽활엽수림일 뿐만 아니라, 역사가 가장 오래된 숲으로 손꼽힌다.

인공숲인 상림은 웬만한 천연숲보다 더 천연스럽다. 울창한 숲속의 한복판에는 흙 냄새 짙은 오솔길과 청량한 물소리를 쉼없이 쏟아내는 실개천이 길게 뻗어 있어 언제나 그윽한 운치가 느껴진다. 특히 꽃잎처럼 곱고 화사한 단풍잎이 숲을 쓰다듬으며 지나는 바람에 우수수 흩날리는 만추의 정경은 가슴 시리도록 아름답다. 만추의 화려함과 쓸쓸함을 동시에 보여주는 상림의 숲길을 소요하노라면, 어디론가 다시 길을 나서야겠다는 생각이 좀체 나질 않는다. 수백 년 동안 한자리를 지켜온 나무처럼 그곳에 눌러앉고 싶어진다.

상림은 함양 사람들의 쉼터이자 자랑거리이다. 또한 함양 땅의 역사가 살아 숨쉬는 야외박물관이기도 하다. 상림의 오솔길을 걷다보면 옛 함양읍성의 남문이었던 함화루, 상림을 조성한 최치원의 업적을 기리는 '문창후 최선생 신도비', 조선 말기 흥선대원군이 쇄국의 결의를 널리 알리기 위해 세운 척화비, 함양 이은리 냇가에서 출토된 석불, 함양 땅을 거쳐간 옛 수령들의 선정비 등이 곳곳에 흩어져 있다.

상림 앞을 지나는 1001번 지방도로와 37번 지방도로를 번갈아 타고 가면,

백두대간의 한 봉우리인 백운봉(1278m) 남쪽 기슭에 자리한 백전면 운산리를 지나게 된다. 이 마을 주민들은 멀리 아스라한 지리산 능선이 희끗희끗해질 즈음이면 감을 따고 말리느라 몹시 분주해진다. 처마 아래에는 먹음직스런 곶감이 주렁주렁 매달려 있고, 낮은 슬레이트 지붕과 돌담 위에는 감 껍질을 말리는 채반이 즐비하게 올려져 있다. 낯선 마을에서 만나는 익숙한 풍경이 진한 향수를 불러일으킨다. 늦은 가을날에 찾은 함양 땅은 이러저러한 이유로 말이암아 쉽게 벗어날 수가 없다.

여행 정보 (지역번호 055)

숙박

상림 근처에는 상림장(963-1170), 산해장(963-1500), 별궁장(963-7980) 등이 있다. 그 밖에 함양 읍내의 숙박업소 중에서는 엘도라도모텔(963-9449), 반월모텔(964-0538), 꿈의궁전모텔(963-7704) 등이 추천할 만하다.

맛집

함양 읍내의 주택가에 위치한 대성식당(963-2089)은 반세기 이상의 내력을 지닌 쇠고기국밥집이다. 쇠고기를 넣고 진하게 우려낸 국물이 칼칼하면서도 개운하다. 국밥에 딸려 나오는 10가지 이상의 밑반찬도 맛깔스럽다. 정오 무렵부터 손님을 받되, 약 100그릇 분량의 하루치가 다 팔리면 문을 닫는다. 군청 앞의 조샌집(963-9860)은 어탕국수로 유명한

대성식당의 쇠고기국밥

집이다. 민물고기를 넣고 푹 고은 국물에다 얼큰하게 말아낸 것이 어탕국수이다. 그 밖에 백전면 양백리의 동백가든(962-8532)에서는 뽕잎을 넣고 조리한 뽕잎백숙을 맛볼 수 있다.

가는 길

중부고속도로(대전통영고속도로) 함양 분기점▶▶88올림픽고속도로 함양IC(1084번 지방도, 함양읍 방면) ▶▶함양군청 앞▶▶상림

운암면 입석리의
국사봉에서 바라본
운해. 마치 한 폭의
동양화 같은 풍광이다.

일교차가 큰 11월경의
동틀 무렵에는 호수에서
몽실몽실 피어오른 **물안개**가
운해를 이루고, 산봉우리만
뾰족이 솟은 구름바다
위로 **붉은 해**가 떠오르는
진풍경을 감상할 수 있다.

바다처럼 너른 들녘을 적시는 명경지수

임실 옥정호

섬진강은 그 물길이 지나는 곳마다 불리는 이름이 제각기 다르다. 강이 발원하는 진안군 백운면 사람들은 '서천' 또는 '백운천'이라 하고, 그 아래쪽의 임실군 관촌면과 신평면 주민들은 '오원천'이라 일컫는다. 그리고 섬진강댐을 끼고 있는 운암면에서는 '운암강'으로 불리고, 순창 땅에 들어서면 '적성강'이 된다. 보성 쪽의 실핏줄 같은 냇물이 모여든 지류는 '보성강'이고, 장수와 남원 땅을 가로질러온 물줄기는 '요천'이다. 이토록 다양한 이름으로 불린다는 것은 곧 이 강줄기에 대한 토박이들의 애정이 각별하다는 뜻이다.

총길이 212km의 섬진강 상류에는 옥정호가 있다. 1926년에 처음 완공된 섬진강댐으로 인해 생긴 인공호이다. 현재 임실군 운암면과 강진면, 정읍군 산내면에 걸쳐 있는 이 호수의 저수 면적은 26.5km², 총 저수량은 4억 3000만 톤에 이른다. 그중 운암면은 절반 가까이가 물에 잠겼고, 수몰 지역의 주민들은 계화도 간척지로 이주하였다.

계화도까지 흘러든 것은 사람뿐만이 아니다. 옥정호의 물도 그곳까지 닿는다. 6.2km의 도수로를 통해 정읍시 칠보면 시산리의 섬진강 수력발전소로 유입된 옥정호의 물은 발전터빈을 돌린 뒤에 다시 67km의 도수로를 통해 계화도 간척지의 청호저수지까지 흘러간다. 전라도의 동부 내륙을 가로질러 흐르는 섬진강 물이 전라도 서쪽 평야지대의 젖줄 구실을 하는 셈이다.

옥정호는 중부지방의 유명 호수인 팔당호, 충주호, 소양강호 등에 비해 규모가 작다. 게다가 널리 알려진 관광지도 별로 없다. 그러나 그것이 바로 옥정호의 매력이다. 아직도 사람과 자연이 때묻지 않은 덕택에 언제 찾아가도 마음이 따뜻하고 편안해진다. 더욱이 우리나라에서 가장 깨끗한 인공호수로 꼽히는 옥정호 일대에는 호반을 따라 구불거리는 길이 실핏줄처럼 뻗어 있어서 드라이브코스로도 안성맞춤이다.

◀ 국사봉 정상에서 바라본 옥정호 호반길
▶ 운암면 금기리에서 바라본 옥정호의 저녁놀. 상수원보호구역으로 지정되기 전의 해거름녘에 우연히 옥정호를 지나다 촬영했다.

옥정호 드라이브코스는 운암면 소재지인 쌍암리에서부터 본격적으로 시작된다. 쌍암리에서 749번 지방도를 타고 옥정호의 호반을 굽이굽이 돌아가면 길 모롱이를 돌아설 적마다 새롭게 펼쳐지는 풍광이 변화무쌍하기 그지없다. 운암면 입석리와 용운리 사이의 호수 한가운데에는 '육지 속의 섬'도 있다. '외안날'이라 불리는 이 섬에서는 지금도 팔순의 노인과 외지에서 들어온 중년 부부가 농사를 지으며 살고 있다.

운암면 입석리에는 외안날을 비롯해 옥정호 일대의 장관이 한눈에 들어오는 천연전망대가 있다. 국사봉(475m)이다. 도로변에 조성된 국사봉전망대 주차장에 차를 세워두고, 계단과 등산로를 20~30분가량 올라가면 국사봉에 올라설 수 있다. 노령산맥의 첩첩한 산줄기에 둘러싸인 옥정호는 마치 백두산의 천지를 연상케 한다. 쾌청한 날에는 지근거리의 순창 회문산뿐만 아니라 멀리 진안 마이산까지도 아스라이 보인다. 특히 일교차가 큰 11월경의 동틀 무렵에는 호수에서 몽실몽실 피어오른 물안개가 운해를 이루고, 산봉우리만 뾰족이 솟은 구름바다 위로 붉은 해가 떠오르는 진풍경을 감상할 수 있다.

옥정호 호반길은 잠시 27번 국도와 합류했다가 운암교에서 다시 운정리

164

범호마을까지 이어진다. 범호마을에서는 다시 되돌아 나와야 하는 불편함이 있지만, 운암교에서 범호마을 사이는 옥정호에서 가장 운치 있는 호반길이 이어진다. 맑은 호수에 잠긴 산영山影이 수채화처럼 아름답고, 인적 드문 숲길에서는 새소리와 바람 소리만 쉼없이 들려온다.

옥정호는 지난 1999년에 상수원보호구역으로 지정되었다. 그래서 이제는 어떤 방법으로도 호수에서 고기를 잡을 수가 없다. 옥정호를 찾을 적마다 심심찮게 손맛을 봤던 '꾼' 들에게는 안타까운 일이겠지만, 그 덕택에 옥정호의 물빛은 언제 봐도 맑고 푸르다. 옥정호 호반길을 한 바퀴 돌다보면, 시리도록 맑고 푸른 그 물빛이 고스란히 가슴에 담긴다.

여행 정보 (지역번호 063)

🧳 숙 박

운암면 마암리의 운암대교 주변에는 리버사이드(221-7968), 하얀집(221-2590) 등의 모델과 호렙산펜션(011-9436-0764, www.pensionsunday.com)이 있다. 국사봉에 올라 해돋이와 운해를 볼 작정이면 국사봉 기슭의 도로변에 위치한 국사봉모텔(643-0440)을 이용하는 것이 편리하다.

🍴 맛 집

옥정호 호변에는 전주식당(쌍암리, 643-0101), 수어촌(쌍암리, 643-1295), 어부집(마암리, 221-6246), 강나루횟집(마암리, 222-6274), 강촌식당(마암리, 222-6322) 등의 민물매운탕 전문점이 많다. 주로 빠가사리매운탕, 붕어찜 등의 메뉴를 내놓는다. 운암대교를 오가는 길의 완주군 구이면 옛 국도변에는 꽃밥전문점인 옛마당(221-8446)이 있다. 꽃과 새싹을 주재료로 만든 음식이 보기도 좋고 맛도 그만이다.

🚗 가 는 길

호남고속도로 전주IC ▶ 전주 시내(27번 국도, 순창 방면) ▶ 구이 ▶ 운암대교

송정포구에서 맞이한 해돋이의 장관.
두 개의 작은 등대가 서 있는 포구의 정경이 퍽 운치 있다.

11

동해안 남동부의 절경을 두루 거치는 드라이브코스

부산 해운대~대변항

등대 저편의 하늘이 붉게 노을지고 아스라한 수평선이 들끓기 시작하더니,
둥그런 태양이 조금씩 고개를 내민다. 이윽고 반달 같은 태양은
순간적으로 오메가 형상을 이루다가 불쑥 수평선 위로 솟아오른다.
또다시 새아침을 맞은 포구의 정경이 더욱 말끔하고 상쾌하게 느껴진다.

대입학력고사를 치른 뒤에 기차를 타고 전국일주
에 나선 적이 있었다. 벌써 20년도 더 지난 옛날 일이다. 나의 첫 전국일주였
던 그 여행에서 가장 인상 깊었던 곳은 중앙선의 치악산 구간과 동해남부선
의 해운대~송정 구간이다. 치악산 구간에서는 산중턱에 뚫린 또아리굴(루프
식 철로)이 여간 신기하지 않았고, 바다를 옆구리에 끼고 달리는 해운대~송
정 구간은 산중 촌놈인 내게 바다의 매력을 일깨워줬다.

옛 추억을 되살려서 부산 해운대와 송정해수욕장 사이의 바닷길을 오랜만
에 다시 찾았다. 기찻길이 아니라 찻길을 따라가는 여행이다. 1.8km나 되는
백사장이 시원스런 해운대해수욕장을 지나고, 젊음과 낭만이 넘치는 달맞이
고개를 넘어서면 고즈넉한 청사포에 이른다. 청사포에서 송정해수욕장으로는
곧바로 가는 길이 없다. 오던 길로 되돌아 나가서 31번 지방도를 타야 된다.

송정해수욕장은 백사장이 넓고 바닷물이 깨끗하다. 백사장을 거니는 연인
들과 바다를 가르는 윈드서퍼들의 모습이 생기발랄하고 활기차 보인다. 해수
욕장 남쪽에 찻길과 기찻길과 해변이 나란히 이어지는 풍경도 이채롭다. 해
수욕장 북쪽 끝에 툭 불거진 죽도에는 근사한 정자가 하나 있고, 그 너머에
는 작은 등대 두 개가 밤새도록 불빛을 깜박이는 포구가 형성돼 있다. 갯바
위 틈을 비집고 들어선 포구와 해수욕장 주변의 빌딩숲이 절묘한 대조를 이
룬다. 적어도 20~30년의 시차를 보이는 두 풍경이 공존하고 있는 셈이다.

송정포구에서는 장엄한 일출을 감상할 수 있다. 등대 저편의 하늘이 붉게
노을지고 아스라한 수평선이 들끓기 시작하더니, 둥그런 태양이 조금씩 고개
를 내민다. 이윽고 반달 같은 태양은 순간적으로 오메가(Ω) 형상을 이루다가
불쑥 수평선 위로 솟아오른다. 또다시 새아침을 맞은 포구의 정경이 더욱 말
끔하고 상쾌하게 느껴진다.

동해남부선 철로는 송정역을 지나면서부터 바다와 멀어진다. 하지만 찻길

◀ 기장읍 시랑리의 아름다운 바닷가에 자리한 용궁사 전경
▶ 대변항의 오징어 건조장 풍경. 뒤편에 기장멸치의 본산지로 유명한 대변항이 보인다.

은 여전히 바다와 가깝다. 송정포구에서 대변항까지 약 5km의 해안도로를 따라가면 쪽빛 바다, 고운 백사장, 아담한 포구, 다양한 기암괴석, 울창한 해송숲 등이 연이어 나타난다. 길가에 음식점이나 모텔이 비교적 많다는 것 말고는, 강원도 동해안의 풍경과 크게 다르지 않을 정도로 풍광이 아름답다.

대변항으로 가는 도중에는 잠시 용궁사에 들러볼 만하다. 기장군 기장읍 시랑리 바닷가에 자리한 이 절은 1376년(고려 우왕 2년)에 공민왕의 왕사였던 나옹화상이 창건했다고 한다. 하지만 모든 건물들이 근래 지어져서 예스러운 멋은 별로 없고, 지나치다 싶을 정도로 석물들이 많아서 좀 번다한 느낌을 준다. 그래도 큰길에서 불이문까지의 108개 계단을 하나씩 밟아가면 마치 바다 속의 용궁을 찾아가는 듯한 기분이 든다. 또한 바다 전망도 탁월한 데다 누구나 진심으로 기도하면 한 가지의 소원쯤은 이룰 수 있는 관음성지로 유명해서 관광객과 불자들의 발길이 끊이질 않는다.

용궁사가 있는 시랑리에서 대변항까지는 지척이다. 대변항 직전의 연화리 앞바다에는 기장의 유일한 섬인 죽도竹島가 떠 있다. 기장은 옛날 임금님의 수라상에 올랐다는 기장미역의 산지로 더 유명한데, 특히 죽도 주변에서 채취된 미역의 맛과 품질이 으뜸이었다고 한다.

대변항은 기장미역 못지않게 유명한 기장멸치의 본고장이다. 몸길이가 10~15cm에 이르는 기장멸치는 지방질이 풍부하고 살이 연해서 입 안에 넣으면 금세 살살 녹는다. 그래서 젓갈용뿐만 아니라 횟감으로도 인기가 높다. 대변항은 옛 어항의 분위기가 고스란히 살아 있어서 이따금씩 영화 촬영지로 등장하기도 한다. 대변항 주변에서 촬영된 영화〈친구〉가 대박을 터뜨린 뒤로는 영화 속 풍경을 보기 위해 이곳을 찾는 관광객들도 적지 않다.

여행 정보 (지역번호 051)

숙박

송정포구의 해돋이를 보려면 송정해수욕장에서 하룻밤 묵는 것이 좋은데, 해수욕장 주변에는 송정프라자관광호텔(702-7766), 하얀성모텔(704-3003), 니나인모텔(704-0456), 나인테마모텔(701-6946) 등의 숙박업소가 밀집해 있다. 송정포구와 대변항 사이의 해안도로변에도 모텔이 군데군데 들어서 있다.

맛집

짚불곰장어구이는 기장군의 향토음식이다. 짚불에 구운 곰장어는 맛이 아주 쫄깃하고 담백하며, 껍질이 아주 쉽게 벗겨져서 먹기도 좋다. 기장읍 시랑리 일대에는 원조집으로 소문난 기장곰장어(721-2934)를 비롯해 짚불곰장어구이 전문점들이 밀집해 있다. 대변항 남쪽의 해안도로변에 위치한 우리콩손두부(청국장과 흑두부, 722-1047)도 한번 들러봄직하다.

우리콩손두부집의 청국장 보리밥과 흑두부

가는 길

부산도시고속도로 원동IC(31번 지방도) ▶▶ 해운대(해안도로) ▶▶ 달맞이고개(해안도로와 31번 지방도) ▶▶ 송정해수욕장(해안도로) ▶▶ 용궁사 ▶▶ 대변항

해거름녘의 순천만 갈대밭.
햇살의 변화에 따라 잿빛,
은빛, 금빛 등으로 다채롭게
변화한다.

구불거리는 물길과 망망한
갈대밭을 뒤덮은 새벽 안개
갈대밭 사이로 끝없이
이어지는 물길, **희뿌연
새벽 안개**를 헤치며 바다로
나가는 고깃배들…….
제법 서늘한 기운이 옷섶을
파고드는 늦가을 새벽녘의
순천만 **대대포구** 풍경은
꿈결처럼 환상적인
분위기를 자아낸다.

맑은 시심과 자연의 생명력이 넘치는 갈대밭

순천 순천만

어느 늦가을, 또는 초겨울날의 갈대밭이 주는 느낌은 참으로 다채롭고 변화무쌍하다. 무엇보다도 색조의 변화가 다채롭다. 시시각각으로 달라지는 햇살의 기운에 따라 은빛, 잿빛, 금빛으로 채색되는 갈대밭의 빛깔은 형언하기 어려울 만큼 아름답고 서정적이다.

갈대밭의 표면적인 속성이 변화무쌍한 아름다움이라면, 그 깊은 속내는 왠지 쓸쓸하고도 황량하다. 그래서 어떤 이들은 먼발치에서 갈대밭을 바라만 봐도 끝없는 상념에 빠져들거나 절절한 고독감을 온몸으로 느끼곤 한다.

갈대밭은 대자연의 생명력으로 충만한 감동과 경이, 축복과 낭만의 땅이기도 하다. 숱한 생명체들의 소중한 보금자리이자 삶터이며, 곤한 일상을 달래 주는 쉼터이기 때문이다. 천수만간척지, 금강하구, 고천암간척지, 낙동강 을숙도, 순천만 등 우리나라의 대표적인 겨울철새 도래지가 대부분 갈대밭 명소와 일치한다는 사실이 그걸 증명해 주고 있다. 그중 순천만은 내가 해마다 빠뜨리지 않고 찾는 곳이다.

구불거리는 물길과 망망한 갈대밭을 뒤덮은 새벽 안개, 갈대밭 사이로 끝없이 이어지는 물길, 희뿌연 새벽안개를 헤치며 바다로 나가는 고깃배들 ……. 제법 서늘한 기운이 옷섶을 파고드는 늦가을 새벽녘의 순천만 대대포구 풍경은 꿈결처럼 환상적인 분위기를 자아낸다. 그림인 듯 꿈결인 듯, 또는 영화의 한 장면인 듯한 그 풍경의 한복판에서는 아무리 메마른 정서의 소유자라도 멋진 시 한 구절이나 소설의 한 대목을 불현듯 뇌리에 떠올리게 마련이다.

"……안개는 마치 이승에 한이 있어서 매일 밤 찾아오는 여귀女鬼가 뿜어 내놓은 입김과 같았다. 해가 떠오르고, 바람이 바다 쪽에서 방향을 바꾸어 불어오기 전에는 사람들의 힘으로써는 그것을 헤쳐버릴 수가 없었다……."

김승옥이 쓴 소설 『무진기행』의 일부이다. 작가가 소설의 배경을 순천만으로 삼은 것은 결코 우연이 아니다. 어느 초겨울날의 동틀 무렵에 순천만

갈대밭 위로 피어오르는 물안개를 바라보고 있노라면, 소설 속의 '무진'이 바로 그곳임을 실감할 수 있다.

순천만 갈대밭은 순천시 교량동과 대대동, 그리고 해룡면의 중흥리, 해창리, 선학리 등에 걸쳐 형성돼 있다. 순천 시내를 관통하는 동천과 순천시 상사면에서 흘러온 이사천의 합수머리부터 하구에 이르는 3km가량의 물길 양쪽이 죄다 갈대밭이다. 우리나라에서 가장 아름답다는 이 갈대밭은 정확한 면적을 헤아리기 어렵다. 하루가 다르게 우후죽순으로 생겨난 갈대밭들이 빠른 속도로 세력을 확장하기 때문이다. 바다처럼 드넓은 갯벌 위에 뿌리를 내린 갈대는 작은 섬을 이루고, 마침내 이웃한 섬들과 합쳐지면서 커다란 갈대밭을 형성한다. 몇 해 전까지만 해도 15만 평쯤으로 알려져 있었지만 지금은 50만 평, 심지어 70만 평이 넘을 거라는 주장도 있다.

순천만 갈대밭의 풍경은 안개 자욱한 새벽녘부터 해뜰 무렵, 그리고 하늘과 억새밭의 빛깔이 시시때때로 변하는 해질 무렵쯤이 가장 아름답다. 순천만의 일출 포인트는 순천시 별량면의 화포마을, 일몰 명소는 해룡면 선학마

172

을의 나지막한 야산인 용산이다. 특히 용산에 올라서면 S자로 구불거리는 수
로와 갯벌 한가운데에 원반처럼 놓인 신생 갈대밭이 한눈에 들어온다. 그리
고 쫄깃한 참꼬막의 주산지이자 낙조가 아름답기로 유명한 해룡면 와온포구
도 들러볼 만하다.

여행 정보(지역번호 061)

🧳 숙 박

순천만 갈대밭의 안개 자욱한 새벽 풍경을 보려면 순천 시내에 위치한 숙박업소를 이용하
는 것이 좋다. 신시가지인 연향동에는 람세스(725-7001), 사파이어(722-6655), 아이젠(722-
3050) 등 근래에 지어져 깔끔한 모텔들이 많다.

🍴 맛 집

순천 시내의 일품매우(724-5455)와 한성관(723-9915)은
전라남도가 '남도음식 명가'로 지정한 맛집이다. 그중
일품매우는 매실정과를 먹여서 키운 일등품 한우만 내
놓는 집이다. 매실 한우는 고기의 산성도가 완화되어 육
즙이 담백하고 육질도 부드럽다. 매실명인 홍쌍리 여사
가 직접 담근 된장, 장아찌, 차, 정과 등의 각종 매실 식

일품매우의 한우생고기

품이 밑반찬으로 딸려 나온다. 한성관은 각종 산해진미가 큰 상이 비좁을 정도로 푸짐하
게 차려져 나오는 한정식집이다. 순천만에는 화포마을의 해돋이가든(장뚱어탕, 742-8745)
과 대대포구의 강변장어구이집(장어구이정식, 742-4233)이 맛집으로 이름나 있다.

🚗 가 는 길

호남고속도로 서순천IC(2번 국도) ▶▶ 순천 시내 ▶▶ 청암대학 사거리(좌회전) ▶▶ 대대포구
※ 순천시에서 매일 1회씩 무료로 운행하는 시티투어버스를 이용해도 된다. 2개 노선 가
운데 순천역 앞에서 9시 50분에 출발하는 제2노선의 첫 경유지가 순천만이다.
　■ 예약 및 문의 · 순천시 관광안내소(749-3107)

겨울

평창 대관령 가는 길의 잣나무 숲

하조대 백년송 너머의 수평선 위로 붉은 해가 떠오르는
광경. 이런 해돋이는 겨울철에만 볼 수 있다.

12

파도와 비바람이 빚어낸 영동 제일의 해안절경

양양 하조대

바위 꼭대기에 뿌리내린 **백년송**이 검푸른 바다를 배경으로 서 있는
모습이 매우 인상적이다. 하지만 **하조대 제일의 풍광**은 해돋이다.
백년송 너머의 수평선 위로 붉은 해가 떠오르는 광경은 숨막힐 듯 아름답다.
관동팔경의 어느 누각에서도 보기 어려운 장관이다.

동해안에는 관동팔경이 있다. 휴전선 이북의 고성 삼일포에서 맨 남쪽의 울진 월송정에 이르기까지 여덟 곳의 명승지를 지칭하는 말이다. 관동팔경에는 들지 않지만, 그 이상으로 풍광이 빼어난 곳도 있다. 양양 하조대가 그 대표적인 경우이다.

하조대는 양양군 현북면 하광정리 바닷가의 기암절벽을 가리킨다. 흔히들 절벽 위에 자리잡은 육각형 정자만 하조대로 알고 있으나, 사실은 정자가 자리한 절벽과 그 맞은편에 등대가 세워진 절벽까지 모두 아우르는 지명이다.

하조대라는 지명은 고려 말 이곳에 은둔했던 하륜과 조준에게서 유래되었다고 한다. 두 사람은 고려의 국운이 점차 쇠해지자 벼슬을 버리고 이곳에서 은거하다가 훗날 이성계를 도와 조선 개국에 큰 공을 세운 인물이다.

다른 한편으로는, 신라 때에 견원지간의 지방호족이었던 하씨와 조씨 두 문중의 하랑 총각과 조당 처녀의 비극적인 사연에서 비롯됐다는 이야기도 전해온다. 두 사람은 남몰래 서로를 사랑하던 사이였는데, 끝내 이루어질 수 없는 사랑임을 절감한 나머지 이곳 벼랑에서 함께 몸을 던지고 말았다고 한다. 그들의 애절한 사랑과 넋이 서려서인지, 지금도 초여름마다 하조대 바위틈에 피어나는 해당화는 유난히 빛깔이 붉고 선명하다.

큰길 입구에서 하조대까지의 거리는 약 1km에 불과하다. 그런데도 길의 풍광과 느낌은 의외로 다채롭다. 초입의 길가에는 작은 개울이 흐르고, 개울 건너편에는 백사장의 길이가 1.7km에 이르는 하조대해수욕장이 펼쳐져 있다. 해수욕장 앞으로 멀리 수평선까지

초여름에 하조대 바위틈에서 꽃을 피운 해당화.
뒤편의 암벽 위에 하조대 정자가 있다.

하조대의 무인등대. 해가 지면 스스로 불을 밝혀 밤새도록 고깃배들의 안전 운항을 돕는다.

훤히 트였다. 바다 쪽으로 거칠 것이 없으니, 수평선을 넘어 불어오는 바닷바람도 살을 에듯 차갑다. 겨울바다가 밀어내는 파도도 세상을 삼킬 듯 높고 거세다. 이처럼 격정을 못 이겨 들썩거리는 바다를 보노라면 자신도 모르게 기운이 불끈 솟는다. 그것이 바로 하조대 겨울바다의 매력이자 힘이다.

하조대해수욕장 남쪽에는 기암괴석과 솔숲에 둘러싸인 아담한 백사장이 드리워져 있다. 군 휴양소로 쓰이는 해변이다. 그곳을 지나 조금만 가면, 해송숲 사이로 하얀 등대 하나가 우두커니 서 있는 하조대에 이른다.

하조대 정자는 조선 정종 때에 처음 세워진 뒤로 수차례에 걸쳐 중수를 거듭했다. 현재의 정자는 1968년에 지어진 것을 1998년에 해체 복원한 것이다. 정자 앞의 기암괴석에는 남쪽으로 가지를 길게 뻗은 해송이 한 그루 서 있다. '백년송'으로도 불리는 이 해송은 학처럼 자태가 고고하고 준수하다. 바위 꼭대기에 뿌리내린 백년송이 검푸른 바다를 배경으로 서 있는 모습이 매우 인상적이다. 하지만 하조대 제일의 풍광은 해돋이다. 백년송 너머의 수평선 위로 붉은 해가 떠오르는 광경은 숨막힐 듯 아름답다.

하조대 정자에서는 건너편 절벽 위의 무인등대가 한눈에 들어온다. 미명 속에 어슴푸레한 등대가 작은 불빛을 연신 깜박거린다. 등대 아래의 바위를 둘러싼 바다의 빛깔이 푸르다 못해 검다. 하조대에서 바라보는 바다는 늘 새롭다. 새로운 바다를 보면 사람도 새로워진다. 그래서 새로운 나를 만나기 위해 하조대를 다시 찾곤 한다. 섬뜩하리 만치 차갑고도 상쾌한 하조대의 겨울바다가 문득 그리워진다.

여행 정보(지역번호 033)

숙박

하조대 입구의 하광정리에는 올리브비치(672-0088, www.olivebeach.co.kr), 하조펜션(672-0333), 하조대모텔(672-8203), 하조대비치하우스(672-2285) 등이 있다. 하조대에서 자동차로 10분 내외의 거리에도 파도소리펜션(현남 인구, 671-6068, www.padosori.ne.kr), 엔게디하우스(현남 인구, 671-2774), 블루비치모텔(현남 인구, 671-2450), 조단펜션(현남 동산, 671-8887), 하조대롯지펜션(현북 대치, 671-7109) 등의 숙박업소가 많다.

맛집

하조대 입구에는 철수네횟집(672-3335), 그린횟집(672-1891) 등 횟집이 여럿 있다. 하조대와 인접한 기사문항의 형제횟집(672-1273)은 가자미세꼬시가 맛있는 집이다. 회를 실컷 먹고 난 뒤에 야채를 넣고 비벼 먹는 회덮밥도 일품이다. 하조대에서 차로 15~20분 거리인 양양군 현남면 입암리에는 입암리메밀타운(671-7447)이 있다. 이 집의 막국수는 특유의 부드러움과 고소함이 잘 살아 있고, 고명과 양념도 너무 기름지거나 자극적이지 않다. 육수도 담백하고 시원하다. 동해안 제일의 막국수집으로 꼽힐 만하다.

가는 길

동해고속도로 현남IC(7번 국도, 양양 방면) ▶▶38휴게소▶▶하광정 삼거리(우회전) ▶▶현북면소재지(우회전) ▶▶하조대

상고대가 하얗게 핀 하회마을의 겨울 아침

12

둘째 주

아직도 선비정신이 살아 있는 21세기의 조선마을

안동 하회마을

하회마을에서 가장 인상적인 것은 고샅길이다. 이곳의 고샅길은 미로처럼 뻗어 있다. 긴 고샅길을 하나 빠져나오면 어느새 또 하나의 **고샅길**에 들어선다. 고샅길을 하나씩 섭렵하다 보면 중간에 감나무가 자라는 담, 솟을대문 안쪽의 고래등 같은 기와집, 초가집 뒤란의 풋풋한 **채마밭** 등 마을의 속내를 고스란히 엿볼 수 있다.

　　안동 하회마을은 이제 유명 관광지이다. 영국 엘리자베스 여왕이 방문했던 1999년 이전까지만 해도 비교적 조용한 마을이었으나 이제는 하루에도 관광객이 수백 수천 명씩 찾아온다. 그러다 보니 마을의 분위기와 정취가 예전 같지는 않다.

　우선 마을로 들어가려면 입장료와 주차료를 내야 한다. 마을 안으로 들어서면 거의 한 집 건너 한 집 꼴로 음식점이나 기념품 가게가 나타난다. 고즈넉하고도 묵향 그윽한 전통마을일 거라 짐작했던 사람들에게는 다소 어수선하게 느껴지는 풍경이다. 흙 냄새 풍기던 마을 골목길도 이제는 삭막한 콘크리트로 뒤덮였다. 그런데도 하회마을을 소개하는 것은 우리나라 어디에서도 이만한 전통마을이 없기 때문이다.

　풍산 류씨의 동족마을인 하회마을에는 현재 180여 가구의 주민이 살고, 마을 전체는 중요민속자료 제122호로 지정되어 있다. 개별적으로 문화재로 지정된 옛집도 많다. 하회 류씨의 대종가인 양진당(입암고택), 서애 류성룡의 종가인 충효당은 각각 보물 제306호와 제414호로 지정돼 있다. 그 밖에 북촌댁, 남촌댁, 작천고택(류시주 가옥), 하동고택, 원지정사, 빈연정사, 옥연정사, 겸암정사, 주일재 등은 개별적으로 중요민속자료로 지정돼 있다.

　하회마을에서 가장 인상적인 것은 고샅길이다. 이곳의 고샅길은 미로처럼 뻗어 있다. 긴 고샅길을 하나 빠져나오면 어느새 또 하나의 고샅길에 들어선다. 고샅길을 하나씩 섭렵하다 보면 중간에 감나무가 자라는 담, 솟을대문 안쪽의 고래등 같은 기와집, 초가집 뒤

하회마을의 흙담길.
풍수적으로 연화부수형의 마을이라 돌담을 쌓지 않는다고 한다.

서원 특유의 엄격함을 갖추었으면서도 전혀 권위적이지 않은 공간 배치를 보여주는 병산서원

란의 풋풋한 채마밭 등 마을의 속내를 고스란히 엿볼 수 있다. 그런데 마을의 위세와 고택의 규모를 감안하면 육중한 돌담이 제격일 성싶지만 의외로 돌담은 거의 없고 흙담이 대종을 이룬다. 마을의 지세가 '행주형', 즉 물 위에 뜬 배 같아서 돌담을 쌓으면 무거워 가라앉기 때문이라고 한다.

아름드리 고목들로 울창한 강변 솔숲도 하회마을의 풍치를 북돋우는 절경 중 하나이다. 솔밭 곳곳에는 쉼터가 마련돼 있어서 마을 고샅길을 돌아다니느라 뻐근해진 몸을 잠시 의탁하기에 좋다.

하회마을의 여러 절경 중 으뜸은 강가 절벽인 부용대에서의 조망이다. 나룻배를 타고 강을 건너 부용대에 올라서면, 서로 얼싸안고 산태극수태극을 이루는 물길과 산자락과 마을이 오롯이 시야에 들어온다.

하회마을과 이웃해 있는 병산서원의 풍치도 하회마을이나 부용대에 뒤지지 않는다. 류성룡과 아들 류진을 배향한 이 서원은 엄격하고 절제돼 있으면서도 전혀 권위적이지 않은 공간 배치를 보여준다. 특히 만대루의 널찍한 누마루에서 바라보이는 낙동강과 병산의 풍광은 가히 절승이다.

낙동강 물길이 굽이치는 병산서원과 하회마을은 안개 끼는 날이 많다. 특

히 낮과 밤의 기온 차이가 큰 계절의 이른 아침에는 낮게 깔린 물안개가 나
뭇가지와 풀잎마다 눈꽃 같은 상고대를 피워낸다. 상고대는 이내 거짓말처럼
녹아 없어지지만, 눈부시도록 아름답던 그 풍경은 영원히 가슴에 남는다.

여행 정보 (지역번호 054)

숙박

하회마을 내에는 번남고택(852-8550), 가장큰민박(853-2388) 등의 기와집과 디딜방아집
(853-9224), 싸리대문집(853-2549), 감나무집(853-2975) 등의 초가집을 비롯해 30여 가구
의 전통가옥 민박집이 있다. 그 밖에 하회마을 입구에는 하회파크모텔(853-4006), 풍산면
소재지에는 테마모텔(841-8255)이 있다.

※ 하회마을 관광안내소(852-3588)나 홈페이지(www.hahoe.or.kr)를 찾아가면 마을의 유
래, 축제, 숙박, 음식 등의 각종 정보를 상세히 얻을 수 있다.

맛집

안동에는 헛제삿밥, 찜닭, 간고등어, 식해, 건진국수 등의 향토음식이 있다. 담백하고 깔끔
한 제사 음식의 풍미를 느낄 수 있는 헛제삿밥은 하회마을 초입의 옥류정(854-8844), 안동
댐 아래의 까치구멍집(821-1056)과 민속음식점(821-2944)이 잘한다. 안동 시내 구시장에 자
리한 유진통닭(854-6019), 중앙통닭(855-7272), 현대통닭(854-0137), 매일통닭(854-4128) 등
에서는 한때 전국을 휩쓸었던 안동찜닭의 진미를 맛볼 수 있다.

축제

국제탈춤페스티벌 매년 9월 하순에서 10월 초순 사이에 안동시 안동체육관 일대에서 개최
되는 축제이다. 하회별신굿, 강릉관노가면극, 봉산탈춤 등의 전통탈춤뿐만 아니라 일본,
대만, 베네수엘라 등 세계 각국의 탈춤도 구경할 수 있다. 매주 토요일 밤에는 하회마을
강변에서 선유줄불놀이가 시연되기도 한다.

■ 문의 · 탈춤페스티벌 추진위원회(841-6398, www.maskdance.com)

가는 길

중앙고속도로 서안동IC(34번 국도) ▶▶ 풍산(916번 지방도) ▶▶ 하회마을

장은포구의 언덕에서
해질 무렵 금빛으로 물든
천수만 바다를 내려다보다.

장은포구 주변의 **천수만
갯벌**에서 자란 **천북굴**은
여러 개의 작은 굴이 서로
다닥다닥 붙은 형태이다.
마치 갯돌처럼 울퉁불퉁하고
거친 껍질을 까면 통통하고도
노르스름한 **잿빛 속살**이
드러난다. 남해안 양식굴에
비해 씨알은 잘아도 쫄깃하게
씹히는 맛이 일품이다.

눈보다는 입이 즐거운 서해안의 겨울 포구

보령 장은포구와 오천항

　　　한겨울의 장은포구와 오천항은 어떤 경치를 감상하기 위해 찾아갈 데는 아니다. 눈보다는 입과 혀가 즐거운 곳이기 때문이다. 장은포구는 그 유명한 '천북굴'의 본고장이고, 오천항은 키조개의 집산지이다. 굴이나 키조개 같은 조개류는 겨울이 깊고 날씨가 추워질수록 속이 알차서 맛도 좋다. 게다가 비브리오균 같은 패류독소도 자연스레 제거되어 아무리 먹어도 탈이 나질 않는다. 두 곳 모두 수도권과 가까워서 당일 일정으로도 넉넉하게 다녀올 수 있다는 점도 매력적이다.

　서해안고속도로의 서울 종점에서 보령 장은포구까지는 채 2시간도 걸리지 않는다. 물론 고속도로 사정이 원활할 경우에 그렇다는 말이다. 그러나 주말과 휴일에는 새벽부터 서둘러야 정체를 피할 수 있다.

　보령시 천북면의 장은포구는 사실 매력적인 구석이 별로 없다. 홍성방조제와 함께 근래에 새로 조성된 포구에서는 깊은 연륜을 느끼기 어렵고, 포구 주변에는 비닐하우스로 급조된 굴구이집만 밀집해 있다. 그러니 굴이 나지 않는 5월에서 9월 사이에는 썰렁한 느낌마저 든다. 하지만 겨울철만 되면 천북굴을 맛보려는 관광객들이 줄을 잇는다.

　장은포구 주변의 천수만 갯벌에서 자란 천북굴은 여러 개의 작은 굴이 서로 다닥다닥 붙은 형태이다. 마치 갯돌처럼 울퉁불퉁하고 거친 껍질을 까면 통통하고도 노르스름한 잿빛 속살이 드러난다. 남해안 양식굴에 비해 씨알은 잘아도 쫄깃하게 씹히는 맛이 일품이다. 그러나 장은포구 주변의 80여 군데에 이르는 굴구이집에서 내놓는 굴이 죄다 자연산 천북굴만은 아니다. 천수만 갯벌에서 투석식으로 양식한 것도 있다.

　서해 바닷가를 찾은 김에 해넘이를 보지 않고 돌아간다면, 맛은 알아도 멋은 모르는 사람이다. 그런데 점심식사를 겸한 굴요리 성찬을 아무리 느긋하게 즐겨도 해는 여전히 중천이다. 그럴 경우 장은포구에서 가까운 오천항이

◀ 조선시대 충청수영이 자리했던 오천성. 성벽 위에 올라서면 오천항 전경이 한눈에 들어온다.
▶ 천북면 장은포구 앞의 넓은 개펄에서 자연산 굴을 캐는 할머니

나 광천새우젓시장을 들러볼 만하다.

보령 오천항은 '가이바시' 또는 '서해미인'이라고 하는 키조개의 우리나라 최대 생산지로, 전국 생산량의 60퍼센트 이상을 차지한다. 오천항이 한눈에 내려다보이는 야산에는 조선시대 충청수영(충청도 수군사령부)이 자리했던 오천성이 있다. 지금은 약 1km의 성벽과 서문인 망화문, 어려운 백성을 돌보던 진휼청, 장교 숙소였던 장교청 등만 남아 있다. 문루는 없어지고 홍예만 남은 망화문을 지나 진휼청 앞에 서면, 크고 작은 고깃배들이 빼곡하게 늘어선 오천항이 한눈에 들어온다.

장은포구에서 차로 약 20분 거리에 위치한 광천은 우리나라 새우젓의 3분의 1(약 2500톤)가량을 생산하고 유통시키는 새우젓 마을이다. 요즘에는 인터넷을 통해서도 쉽게 광천젓갈을 살 수 있다. 하지만 주부들에게는 아무래도 현지의 여러 가게를 둘러보고, 시식도 해보면서 젓갈을 고르는 일이 각별한 재미가 아닐 수 없다.

오천성과 광천새우젓시장을 둘러보노라면 겨울날의 짧은 해가 어느새 서산에 걸려 있다. 서해바다의 근사한 해넘이와 저녁노을을 보려면, 다시 바닷

가로 나가야 한다. 어느 틈엔가 설핏 기울어진 햇살이 엷은 구름과 물결치는 바다를 금빛으로 물들이고, 바다를 바라보며 햇살을 껴안은 사람들의 얼굴에도 잔잔한 미소가 흐른다. 시뻘건 해를 삼키고, 붉은 하늘을 머리에 인 서해 바다가 서럽도록 아름답다.

여행 정보 (지역번호 041)

숙박

장은포구 옆의 언덕에 자리잡은 호텔뷰(641-7890, www.hotel-view.co.kr)는 객실에서도 천수만과 안면도가 한눈에 들어올 만큼 바다 전망이 좋다. 횟집과 한식당, 커피숍을 겸한 레스토랑 등의 부대시설도 갖추고 있다. 장은포구에서 차로 10여 분 거리인 남당포구 주변에는 시골풍경펜션(010-4662-6608, www.weeklove.com), 솔밭천수모텔(631-0840), KD모텔(631-2815) 등이 있다. 오천항에도 홍기와모텔(932-4661), 힐하우스(931-5722) 등 숙박업소가 많다.

맛집

장은포구에는 바다굴구이(641-7160), 천북수산(641-7223) 등의 굴구이집들이 몰려 있는데 업소별로 메뉴, 맛, 서비스, 가격의 차이는 별로 없다. 굴구이 이외에도 굴밥, 굴칼국수 등의 굴요리도 내놓는다. 오천항의 우리횟집(932-4055) 등 10여 군데의 횟집에서는 회, 두루치기, 전골, 샤브샤브, 버터구이, 무침, 죽

광천 석이네토굴새우젓백화점
식당의 젓갈 백반

등 다양한 키조개요리를 맛볼 수 있다. 그리고 광천읍 우회도로변에 위치한 석이네토굴새우젓백화점(641-4127, www.jutgalshop.co.kr)은 3대째 이어온 토굴새우젓 전문점인데, 휴게소와 식당(642-3224)까지 갖추고 있어서 쇼핑과 식사를 한자리에서 할 수 있다. 이 집의 젓갈백반(1인분 6000원)에는 창란젓, 낙지젓, 갈치속젓, 어리굴젓 등 8~9가지의 젓갈과 꽁치조림, 제육볶음 등이 푸짐하게 나온다. 인터넷으로 젓갈 주문도 가능하다.

가는 길

서해안고속도로 홍성IC(40번 국도, 안면도 방면) ▶ 서산A지구방조제 입구(좌회전, 96번 지방도) ▶ 남당포구 ▶ 홍성방조제 ▶ 장은포구 ▶ 천북 삼거리(직진하면 오천항, 좌회전하면 광천)

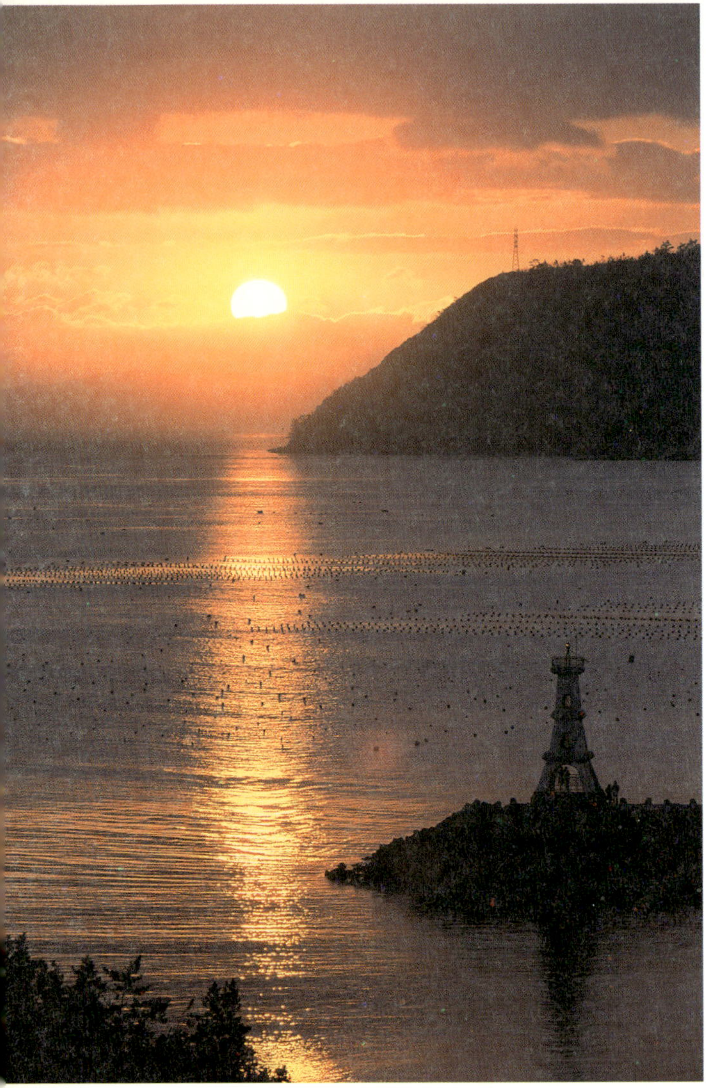

12

넷째주

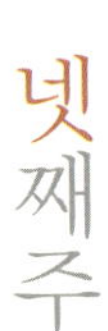

땅끝마을 초입의
언덕길에서
맞이한 해돋이

고요한 다도해 바다와
점점이 흩뿌려진 섬들을
붉게 물들이며 솟아오르는
태양이 격랑 같은 감동을
불러일으키게 마련이다.
그 장엄하고 따사로운 햇살을
한 자락만 가슴에 쓸어 담아도
새해의 모든 소망과 꿈들이
절로 이루어질 성싶다.

한반도의 남쪽 끝에서 맞는 해돋이와 해넘이

해남 땅끝

　　　　어느덧 한 해가 며칠 남지 않았다. 돌이켜보면
쏜살같은 세월을 타고 흘러가버린 많은 것들이 아쉽고도 허전하다. 한해를
보내고 새해를 맞는 이맘때에는 사람들마다 머릿속에 갖가지의 상념들이 맴
돌게 마련이다. 그래서 복잡한 도시를 벗어나 해가 뜨거나 지는 곳을 찾아가
는 사람들도 부쩍 눈에 띈다.

　북위 34도 17분 38초, 한반도 남녘 끄트머리인 해남 땅끝. 연말연시가 되
면 저무는 해를 바라보며 지난 한 해를 성찰하고, 떠오르는 태양을 감상하며
새해 소망의 성취를 기원하는 이들의 발길이 끊이질 않는 곳이다. 여기서 맞
는 해넘이와 해돋이는 황홀함과 아름다움을 뛰어넘어 장엄함과 비장함마저
느껴진다. 더는 내달릴 수 없는 한반도의 끝이기에, 대양에서 대륙으로 향하
는 첫걸음이 시작되는 곳이기에 그렇다. 그러니 한해의 시작과 끝이 교차될
즈음, 한반도의 시작과 끝인 이곳에 많은 사람들이 북적대는 것은 지극히 당
연한 일인지도 모르겠다.

　땅끝에서 사람들이 가장 많이 몰리는 일몰과 일출포인트는 갈두산(일명 사
자봉) 정상이다. 한반도 최남단 봉우리인 갈두산 정상에는 옛 봉화대와 근래
세워진 땅끝전망대가 있다. 이곳에 올라서면 동쪽으로는 갈두항과 땅끝마을
이 한눈에 들어오고, 서쪽으로는 양도, 어룡도, 장구도 등이 올망졸망 떠 있
는 다도해가 시원하게 펼쳐진다. '고산 윤선도의 낙원' 보길도와 그 주변의
노화도, 넙도 등도 남쪽에 아스라하다.

　갈두항 선착장 바로 옆에 위치한 '맴섬'도 사진작가들 사이에서는 소문난
일출포인트이다. 두 개의 바위섬으로 이루어진 맴섬에는 몇 그루의 소나무가
서 있고, 두 섬의 가운데는 휑하니 비어 있다. 이 두 바위섬의 한가운데로 붉
은 해가 떠오르는 광경이 그림처럼 아름답다. 하지만 해 뜨는 위치가 매일
달라지기 때문에 아무 때나 이 광경을 볼 수는 없다.

◀ 땅끝 전망대에서 바라본 다도해의 장엄한 일몰
▶ 개성과 해학이 넘치는 미황사 부도밭의 부도들

땅끝마을 입구의 삼거리도 해돋이를 감상하기에 좋다. 대체로 1월 1일의 땅끝전망대는 수많은 해돋이 관광객들로 북새통을 이루는데, 그럴 경우에는 오히려 여기서 느긋하게 맞이하는 일출 광경이 훨씬 더 감동적이다. 고요한 다도해 바다와 점점이 흩뿌려진 섬들을 붉게 물들이며 솟아오르는 태양이 격랑 같은 감동을 불러일으키게 마련이다. 그 장엄하고 따사로운 햇살을 한 자락만 가슴에 쓸어 담아도 새해의 모든 소망과 꿈들이 절로 이루어질 성싶다.

땅끝 인근의 송호해수욕장과 달마산(489m)도 땅끝 못지않은 일몰 명소이다. 특히 달마산은 별로 높지 않으면서도 풍광이 빼어난 산이다. 우람하고도 다부진 암봉들로 이루어진 달마산 중턱에는 천년고찰 미황사가 들어앉아 있다.

미황사는 신라 경덕왕 때 창건된 유서 깊은 사찰이다. 한창때에는 12개의 암자와 두륜산 대둔사를 말사로 거느린 대찰이었으나 오늘날에는 대웅전, 응진당, 명부전, 요사채 등 몇 채의 건물만 남은 조촐한 산사이다. 주변 풍광은 어느 명산대찰에 뒤지지 않을 정도로 수려하다. 절집 근처의 부도밭은 개성

190

과 해학이 넘치는 부도로 가득하다. 그래서 한번 찾아가면 좀체 발길을 되돌리기 어렵고, 어쩌다 땅끝 언저리라도 지나치게 되면 어김없이 다시 찾게 되는 절집이다.

여행 정보 (지역번호 061)

숙박

땅끝마을과 송호해수욕장 부근에는 땅끝콘도(533-5551, www.entercondo.com), 땅끝관광호텔(532-3000), 땅끝올인파크(533-6688), 땅끝모텔(535-5001), 푸른모텔(534-4985), 땅끝비치모텔(534-1033), 바닷가모텔(535-5757) 등의 숙박업소가 있다. 그리고 달마산 미황사(533-3521)의 산사체험프로그램을 이용하면 천년고찰에서 하룻밤 묵으며 적요한 산사의 정취를 느껴볼 수 있다.

맛집

용궁해물탕의 해물탕

땅끝에는 동산회관(532-3004), 파도횟집민박(533-6440), 최남단횟집(535-1316), 유성횟집(533-2787), 우리횟집(534-2786) 등 음식점도 많아서 숙식을 해결하기에 별로 불편하지 않다. 그중 동산회관은 비빔밥, 죽, 국 등 굴요리가 맛있는 집이다. 해남읍내를 지나는 길에는 일부러라도 용궁해물탕(535-5161)에 들러볼 만하다. 싱싱하고 푸짐한 해물과 담백한 육수가 한데 어우러진 해물탕이 일품이라, 전라남도가 남도음식명가로 지정한 곳이기도 하다. 개인적으로도 전국 최고의 해물탕집으로 꼽는다.

가는 길

서해안고속도로 목포IC(2번 국도) ▶▶ 영산강하구언 ▶▶ 월산 교차로(13번 국도) ▶▶ 해남 교차로 ▶▶ 초호 삼거리(우회전, 77번 국도) ▶▶ 산정 ▶▶ 송호해수욕장 ▶▶ 땅끝

송지호 상공으로 힘차게 날아오르는 독수리

01

첫
째
주

파도와 강물이 빚어놓은 천연 호수

고성 화진포와 송지호

송지호의 호숫가에는 **갈대밭**이 무성하다.
바닷가 쪽의 솔숲에는 **조붓한 산책로**도 개설되어 있다. 나무데크가
깔린 산책로를 따라 호수 한복판에 서면, 어머니의 따사로운
자궁 속에 깃들인 태아처럼 **심신이 편안해진다.**

　　　　　　한반도 남녘 땅의 북쪽 끝에 위치한 강원도 고성
땅은 산과 바다가 두루 좋다. 크고 우뚝한 산은 하늘에 닿을 듯하고, 반듯한
수평선만 드러낸 동해바다는 세상의 모든 아픔과 시름을 죄다 껴안을 만큼
넉넉하고 시원하다. 높은 산과 넓은 바다 사이에는 고요한 호수가 있다. 강
이나 하천의 하구가 파도에 밀려온 모래톱에 가로막혀 호수로 탈바꿈한 석호
들이다.

　고성군의 대표적인 석호인 송지호와 화진포는 오늘날까지도 자연 그대로
의 멋과 정취를 간직하고 있다. 그중 송지호는 고성군 죽왕면 오봉리 7번 국
도변에 위치한다. 울창한 솔숲에 둘러싸여 있어 그런 지명이 붙었다지만, 이
젠 다 옛말이 되었다. 몇 해 전에 대규모 '고성 산불'로 인해 모두 불타버렸
다. 얼마 남지 않은 성한 솔숲마저도 7번 국도가 확장되면서 절반 넘게 사라
졌다. 그래도 송지호는 동해안의 여러 석호들 가운데 가장 물빛이 맑고 운치
있다. 여전히 재첩(민물조개)이 서식하고, 해마다 겨울철이면 청둥오리, 흰죽
지, 고방오리, 고니(천연기념물 제201호), 혹고니(천연기념물 제201호), 독수리
(천연기념물 제243호) 등의 겨울 철새들이 떼 지어 날아든다. 특히 우아한 자
태를 뽐내는 혹고니는 이곳과 인근 화진포가 아니면 좀체 만나기 어려운 진
객珍客이다.

　둘레가 약 4km쯤 되는 송지호의 호숫가에는 갈대밭이 무성하다. 바닷가
쪽의 솔숲에는 조붓한 산책로도 개설되어 있다. 나무데크가 깔린 산책로를 따
라 호수 한복판에 서면, 어머니의 따사로운 자궁 속에 깃들인 태아처럼 심신
이 편안해진다. 송지호 부근에는 전통민속마을인 왕곡마을이 자리하고 있다.
호숫가의 한적한 시멘트 도로를 따라가면 오봉산 자락에 등을 기댄 마을이 한
눈에 들어온다. 고래등 같은 기와집도 보이고 소박한 초가 몇 채도 눈에 띈다.
지은 지 백 년도 넘었다는 기와집들은 대개 하나의 몸채에 방, 마루, 부엌, 외

양간 등이 붙어 있는 '양통집'이다. 북부지방의 전통적인 가옥 구조이다.

고성군의 바닷가에는 문암포구, 백도항, 공현진항, 아야진항, 가진항, 거진항, 대진항 등 포구 특유의 낭만과 활기를 엿볼 수 있는 곳이 많다. 그 가운데서도 고성 최대의 어항이자 우리나라 최대의 명태 집산지인 거진항은 그냥 지나칠 수 없는 곳이다. 거진항에서 다시 야트막한 산자락을 하나 넘어서면 화진포의 드넓은 수면과 아름다운 갈대밭이 보인다.

둘레가 약 16km쯤 되는 화진포는 동해안의 여러 석호들 중에서도 가장 풍치가 빼어난 곳으로 유명하다. 게다가 고니, 혹고니 등이 날아드는 겨울철에는 그야말로 '백조의 호수'가 된다. 해방 직후 이곳의 수려한 경관에 매료된 남북한의 최고 권력자들은 앞 다투어 전용 별장을 세우기도 했다. 당시에 지어진 '김일성 별장'과 '이승만 별장', '이기붕 별장'은 지금까지도 남아 있다.

화진포까지 갔다면 남녘땅의 북쪽 끝인 통일전망대와 북한 땅의 금강산이 지척이다. 반세기가 넘도록 남북을 가로막은 철책은 여전히 견고하지만, 통일전망대에서 빤히 보이는 금강산은 더 이상 '그리운 금강산'이 아니다. 마음만

194

먹으면 언제든 그 품에 안길 수 있게 되었다. 오늘도 관광버스의 긴 행렬은 뽀
얀 흙먼지를 일으키며 철책 너머 북녘땅의 금강산을 오르내린다.

여행 정보 (지역번호 033)

🧳 숙박

풍광 좋은 고성 바닷가에 자리잡은 금강산콘도(현내 마차진, 680-7800), 삼포코레스코콘도
(송지호 부근, 631-3811), 겨울바다펜션(화진포 부근, 682-7792), 백두산모텔(죽왕 문암, 631-
0303), 블루비치모텔(토성 천진, 631-1070), 캘리포니아모텔(토성 교암, 631-7750), 에이스모
텔(토성 아야진, 632-3747) 등의 객실에서는 해돋이를 감상할 수 있다.

🍴 맛집

싱싱한 생태를 넣고 시원하게 끓인 생태찌개는 명태 주산지인 거
진항의 겨울철 별미이다. 거진항의 여러 횟집과 음식점에서 쉽게
맛볼 수 있는데, 특히 성진식당(682-2772)과 소영횟집(682-1929)이
권할 만하다. 간성읍 교동리 46번 국도변에 위치한 금강산건봉식
당(681-3319)은 직접 재배한 콩으로 담근 청국장 맛이 일품이다.

성진식당의 생태찌개

📷 축제

거진명태축제 1999년부터 매년 2월 하순경 거진항 일대에서 열린다. 명태낚시 미끼 달기,
관태경연대회(명태 아가미 꿰기), 명태할복대회, 명태 투호, 인간 명태 걸기, 명태 탑 쌓기,
명태잡이 체험 등 명태를 소재로 한 다양한 이벤트가 열린다. 그러나 명태가 '금태'가 된
요즈음에는 '축제용' 명태를 일본이나 북한 등지에서 수입하는 경우도 있다.

■ 문의 · 고성명태축제위원회(682-8008)

🚗 가는 길

동해고속도로 현남IC(7번 국도) ▶▶ 속초 ▶▶ 송지호 ▶▶ 왕곡마을 ▶▶ 공현진 ▶▶ 간성 ▶▶ 대대 삼거리
(우회전) ▶▶ 거진항 ▶▶ 화진포 ▶▶ 통일전망대

대관령양떼목장의 한가로운 겨울 풍경. 양들의 눈망울이 참으로 맑고 선량해 보인다.

01

둘
째
주

모진 눈보라 속에서 명태가 황태 되는 곳

평창 대관령

너무 번듯해서 별로 연륜이 느껴지지 않던 **산신당과 국사서낭당** 건물도
두터운 눈을 뒤집어쓰고 있으니 예스러운 멋과 범치 못할 신령스러움이
느껴진다. 오랜 세월 동안 산신당과 서낭당을 지킨 고목들의 가지마다
피어난 눈꽃이 **춘삼월의 봄꽃**보다도 더 화사하고 눈부시다.

한겨울에 눈 구경을 하기에는 강원도 평창군만 한 고장이 없다. 평균 해발고도가 700m에 이르는 평창군은 사방 천지가 온통 은세계로 탈바꿈하는 날이 많다. 발길 지나는 곳곳마다 눈길이고, 눈길 닿는 곳곳마다 풍성한 설경이 끝없이 펼쳐진다.

평창군에서도 적설량이 가장 많은 곳은 대관령을 끼고 있는 도암면이다. 그래서 면소재지인 횡계리에는 겨우내 외지인들의 발길이 끊이질 않는다. 국내 최대의 스키장과 가까운 데다가 빼어난 설경을 보여주는 명소가 여럿 있기 때문이다. 사실 횡계리와 인근 주민들에게는 풍성한 눈이야말로 생업의 가장 큰 밑천이다. 해마다 겨울이면 대관령눈꽃축제가 열리고, 송천 주변에 여러 개의 황태덕장이 들어서는 것도 모두 푸짐한 눈 덕택이다.

횡계리에서 용평리조트로 가다보면, 가장 먼저 눈길을 끄는 것은 도로 양쪽에 빼곡히 들어찬 황태덕장들이다. 먼발치에서 바라보는 것만으로도 겨울날의 스산함과 매운 추위를 잊을 만큼 서정적인 풍경이다.

황태덕장이 들어서려면 겨울철의 평균기온이 영하 10도 이하를 유지해야 한다. 게다가 일교차가 크고 바람이 잘 통하며 햇볕도 잘 드는 곳이 좋다. 간간이 눈도 적당하게 내려서 습도가 일정하게 유지되어야 한다는 점도 빼놓을 수 없다. 대관령 아래의 횡계리는 바로 이러한 자연조건을 두루 갖추고 있어서 황태덕장의 적지라고 한다.

북풍한설에 얼어붙은 심신을 녹이는 데에는 황태국이 제격이다. 따끈한 황태국과 담백한 황태구이로 속을 채운 뒤, 횡계리보다 훨씬 더 많은 눈이 내린다는 대관령에 오른다. 옛 대관령휴게소(상행선) 뒤편에는 대관령양떼목장(033-335-1966)이 있다. 우리나라 유일의 양떼목장으로, 약 6만 평의 드넓은 초원에서 수백 마리의 양들이 한가롭게 풀을 뜯는 진풍경은 이곳 아니면 보기 힘들다. 하지만 모든 풀밭이 눈밭으로 변한 겨울철에는 방목된 양 떼를

◀ 횡계리 송천변의 황태덕장에 내걸린 명태. 겨울날의 매서운 추위와 눈보라, 적당한 햇볕을 맞으며 맛 좋은 황태로 변신한다.
▶ 만발한 눈꽃 속에 파묻힌 대관령 산신당

구경할 수 없다. 그 대신 '천연눈썰매장'에서 온 가족이 신나는 썰매타기를 즐길 수 있다. 겨울철에 양들은 축사와 그 옆의 울타리 친 마당에 모여 있다. 사람들이 내미는 건초를 받아먹기 위해 조심스레 다가온 양들의 맑은 눈망울을 보면 "양처럼 순하다"는 말이 생겨난 까닭을 저절로 깨닫게 된다.

양떼목장을 나와서 곧장 직진하면 대관령 산신당과 선자령으로 가는 길이다. 대관령산신당은 찾아가기도 쉽고 주변에 숲이 울창해서 눈꽃의 장관을 구경할 수 있는 곳이다. 한겨울의 산신당 주변은 칼날처럼 섬뜩한 적막감이 감돈다. 뚝 끊긴 무악巫樂 대신에 산새들의 지저귐과 쌓인 눈을 이기지 못해 나뭇가지가 부러지는 소리만 간간이 들려올 뿐이다. 너무 번듯해서 별로 연륜이 느껴지지 않던 산신당과 국사서낭당 건물도 두터운 눈을 뒤집어쓰고 있으니 예스러운 멋과 범치 못할 신령스러움이 느껴진다. 오랜 세월 동안 산신당과 서낭당을 지킨 고목들의 가지마다 피어난 눈꽃이 춘삼월의 봄꽃보다도 더 화사하고 눈부시다.

숙박

횡계리와 용평스키장 주변에는 대관령호텔(335-3301), 그린앤블루호텔(335-4450), 레포빌펜션(336-8338), 대관령옛길펜션(336-1026), 배영만펜션하우스(335-0770), 대관령가는길펜션(336-8169), 대관령리멤버펜션(335-4399) 등의 각종 숙박업소가 많다. 스키 시즌에는 미리 예약하지 않으면 이용하기 어렵다. 대관령삼양목장(336-0885) 내에는 총 34개 객실의 숙박시설이 갖춰져 있고 전통스키, 설피, 눈썰매 등의 겨울 레포츠도 직접 체험해 볼 수 있다.

맛집

황태의 본고장을 찾은 김에 황태요리를 맛보지 않을 수 없다. 횡계리에는 황태요리 전문점들이 여럿 있는데, 그 중 황태회관(335-5795)과 송천회관(335-5943)이 소문난 맛집이다. 횡계리의 별미 중 하나인 오삼(오징어+삼겹살) 불고기는 납작식당(335-5477)과 횡계식당(335-5388)이 잘 한다. 황태덕장을 직영하는 황태회관과 삼신황태덕장(335-5041), 대관령황태영농조합(335-4027) 등에서는 황태를 직접 구입할 수 있다.

황태회관의 황태구이와 황태국

축제

대관령눈꽃축제 1993년부터 매년 1월 하순에 도암면 횡계리 일대에서 개최된다. 해발고도가 높고 눈이 많이 내리는 지역 특성을 고스란히 살린 우리나라 최초의 전통 겨울축제이다. 축제 기간 중에는 소발구 · 개썰매 타기, 전통사냥놀이, 건강알몸마라톤대회, 눈조각 경연대회, 눈싸움대회 등의 다채로운 겨울놀이와 이벤트를 즐길 수 있다.

대관령눈꽃축제 행사장의 조각품

■ 문의 · 대관령눈꽃축제위원회(335-8880)

가는 길

영동고속도로 횡계IC(우회전, 456번 지방도) ▶▶ 횡계리(황태덕장) ▶▶ 대관령양떼목장 ▶▶ 대관령국사서낭당

수선화 향기 그윽한 한겨울의 봄꽃 세상

남제주 대정 들녘

산방산이 빤히 보이는
대정 들녘의 밭둑에 핀 수선화

수많은 자동차들이
분주히 오가는 도로변에도
수선화가 있고, 바닷가의
양지바른 언덕에도 피어 있다.
또한 마을 안의 돌담 밑과
고샅길뿐만 아니라 들녘의
밭둑과 무덤가에서도
수선화가 피고 진다.

한라산 백록담은 만년설처럼 두터운 눈에 파묻혀 있고, 바닷가에 쉼없이 불어대는 해풍에서는 섬뜩한 한기가 느껴지는 1월이다. 하지만 제주도 남제주군 대정읍 일대의 드넓은 들녘에는 때 이른 봄기운이 뚜렷하다. 제주도의 봄을 알리는 전령사인 수선화가 한창이기 때문이다.

수선화는 대도시의 화원이나 가정집에서도 쉽게 볼 수 있다. 그러나 대부분 관상용으로 개량된 서양 수선화이다. 애초부터 우리 땅에서 스스로 나고 자란 야생 수선화를 보려면 남해안의 거문도나 제주도를 찾아가야 한다. 특히 제주도에는 때깔은 소박하면서도 꽃향기 그윽한 야생 수선화를 어디서나 쉽게 찾아볼 수 있다. 제주도에서도 야생 수선화가 가장 흔한 곳은 추사 김정희(1786~1856)가 유배생활을 했던 남제주군 대정읍의 들녘이다. 수많은 자동차들이 분주히 오가는 도로변에도 수선화가 있고, 바닷가의 양지바른 언덕에도 피어 있다. 또한 마을 안의 돌담 밑과 고샅길뿐만 아니라 들녘의 밭둑과 무덤가에서도 수선화가 피고 진다.

기나긴 유배생활에서 비롯된 절망감과 고독으로 인해 적잖이 힘겨웠을 추사는 수선화를 매우 어여삐 여겼다. 오늘날까지 전해오는 추사의 글 가운데에는 수선화를 예찬하는 내용이 여럿 있다. 그중 권돈인이라는 친구에게 보낸 편지를 보면, "수선화는 정말 천하의 구경거리이다. 중국의 강남은 어떠한지 알 수 없지만, 여기는 방방곡곡 손바닥만 한 땅이라도 수선화 없는 데가 없다"는 내용이 담겨 있다. 또한 추사는 소담스레 꽃을 피운 수선화를 두고 "희게 퍼진 구름 같고 새로 내린 봄눈 같다"고 표현하기도 했다.

요즘에는 일부러 수선화를 심어놓은 곳도 군데군데 눈에 띈다. 도로변의 작은 공원이나 유명 관광지의 화단, 민가의 정원에 청초하고 단아한 모양의 야생 수선화가 화사하게 핀 광경을 볼 수 있다. 드넓은 대정 들녘 중에서도 대정향교와 산방산 사이의 도로변과 밭둑, 송악산 ~사계리 해안도로변, 대

◀ 대정향교의 대성전. 뒤편에 뾰족하게 솟은 오름은 단산(바굼지오름)이다.
▶ 사계리~송악산 해안도로에서 맞이한 형제섬 일출. 늦게 해가 뜨는 겨울철에만 볼 수 있다.

정읍 상모리의 알뜨르비행장터 등지에서 야생 수선화를 쉽게 찾아볼 수 있다. 수선화가 핀 대정 들녘에는 추사적거지, 대정읍성, 대정향교, 알뜨르비행장터, 일오동굴, 백조일손지묘 등 제주도민의 고달픈 역사와 독특한 문화를 엿볼 수 있는 유적이 많다. 그 가운데 대정읍 안성리의 추사적거지(064-794-3089)는 추사 김정희가 햇수로 9년 동안 유배생활을 하던 곳이다. 이곳에서 그는 후학을 양성하는 일에 진력했을 뿐만 아니라, 유명한 「세한도」와 추사체를 완성했다.

추사적거지에서 빤히 바라보이는 단산(바굼지오름)의 남쪽 기슭에는 대정향교가 자리잡고 있다. 구조와 기능은 여느 향교와 크게 다르지 않지만, 주변의 풍광과 분위기가 퍽 독특하다. 향교 앞의 드넓은 들녘 너머로는 눈이 시도록 푸른 바다와 형제섬, 송악산 등이 고스란히 눈에 들어온다.

대정 들녘의 서남쪽 바닷가에는 송악산(104m)이 우뚝 솟아 있다. 정상에 올라서면 가파도와 마라도, 산방산과 용머리해안, 한라산 정상까지도 한눈에 들어올 만큼 조망이 빼어난 오름이다. 그리고 송악산 북쪽의 상모리 들녘은 일제시대에 일본 오무라 해군항공대의 '알뜨르비행장'이 들어섰던 곳이다. 지금도 들녘 곳곳에는 당시 건립된 비행기 격납고의 잔해가 흉물스럽게 남아 있다.

송악산 기슭의 해안절벽 아래에는 일본군이 군수품과 어뢰정을 숨겨두기 위해 파놓은 인공동굴도 많다. 모두 15개여서 '일오동굴'로도 불리는데, 얼마 전 인기리에 방송됐던 TV드라마 「대장금」의 촬영지로 알려진 이후 관광객들의 발길이 줄을 잇는다. 그 밖에도 송악산 ~사계리 해안도로는 제주도에서 가장 아름답고 운치 있는 해안드라이브코스 중 하나이다. 이곳에서는 겨울철에 형제섬 부근의 수평선 위로 해가 떠오르는 장관도 구경할 수 있다.

여행 정보 (지역번호 064)

🧳 숙박

안덕면 사계리 해안도로와 그 부근에는 제주B&B펜션(792-5670), 라파도휴양펜션(792-1331), 산방산휴양펜션(794-3100), 산야별장리조트(794-9999), 그랑부르(792-2456), 미르빌(792-2918), 사계바다(794-5500) 등 펜션과 민박집이 많다. 그중 제주B&B펜션은 큰길에서 약간 벗어나 있어 조용하고, 2층 베란다에서는 사계리 바다와 송악산

제주B&B펜션

이 한눈에 들어올 정도로 조망이 훌륭하다. 게다가 객실의 규모와 구조도 다양해서 신혼부부나 연인들뿐만 아니라 대가족이 이용하기에도 좋다.

🍴 맛집

그림처럼 아름다운 사계리 바닷가에 위치한 남경미락(794-0055)은 노무현, 김영삼 등 전현직 대통령이 다녀갔을 만큼 유명한 횟집이다. 특히 다금바리, 북바리, 구문쟁이, 갯돔 등 제주도 아니면 맛보기 어려운 고급 생선회를 주메뉴로 내놓는다. 그리고 사계리 해안도로변의 성원식당(해물탕, 794-0085)은 택시기사들이 제주 최고의 맛집으로 추천하는 곳이다. 해물탕의 재료가 푸짐하고 국물 맛이 기막히게 시원하다.

🚗 가는 길

제주공항 ▶▶ 신제주 노형로터리 ▶▶ 무수천 삼거리(95번 국도=서부관광도로) ▶▶ 동광 육거리(직진) ▶▶ 추사적거지 ▶▶ 대정향교 ▶▶ 사계리

덕유산의 향적봉대피소 옆에서 장려한 해돋이를 감상하는 등산객들

01

눈꽃 세상에서 만나는 산봉들의 실루엣

무주 덕유산

멀리 동남쪽으로 시선을 돌리면 지리산, 가야산, 황매산, 기백산, 적상산
등의 **명산과 준봉**들이 일망무제로 펼쳐진다. 마치 히말라야산맥
어느 산정에서 바라본 조망처럼 장대하고 호방하다. 사방팔방으로 뻗은
산맥 위로 해가 뜨고 지는 광경 또한 **장려**하기 그지없다.

겨울철의 매력은 추위와 눈이다. 추워서 겨울철이 싫다는 사람들도 많지만, 춥지 않고 눈도 오지 않는 겨울은 오아시스 없는 사막이다. 그래서 옷섶을 파고드는 칼바람과 온몸이 얼어붙는 듯한 혹한 속에서도 겨울산을 찾는 사람들이 적지 않다. 을씨년스럽고 삭막한 겨울산에 순백의 눈꽃이 만발하면, 이 세상 어떤 풍경보다도 순수하고 화사하며 고결해 보인다. 둥덩산 같이 풍성한 설경은 사람들의 마음마저도 푸근하고 따뜻하게 만든다.

덕이 넘치는 산, 무주 덕유산德裕山은 우리나라에서 손꼽히는 눈꽃 명산이다. 금강 본류와 가깝고 서해바다의 습한 대기가 이 산을 넘으면서 많은 눈을 뿌리기 때문에 남부지방의 산치고는 비교적 적설량이 많다. 이른 봄과 늦가을에는 산봉우리를 뒤덮은 안개나 구름 속의 습기가 나뭇가지에 얼어붙어 생기는 상고대(서리꽃)도 눈꽃 못지않은 진풍경을 연출한다.

1975년에 국립공원으로 지정된 덕유산은 정상인 향적봉(1614m)을 중심으로 두문산, 거칠봉, 칠봉, 중봉, 삿갓봉, 무룡산, 남덕유산 등의 해발 1000m가 넘는 고봉들이 '덕유산맥'으로도 일컫는 작은 산맥을 이루고 있다. 그래서 설악산이나 지리산처럼 종주산행이 가능하다.

사방으로 훤히 트인 향적봉에서는 다채로운 톤의 실루엣으로 첩첩한 고봉과 산줄기가 한눈에 들어온다. 향적봉에서 중봉, 삿갓봉, 무룡산 등을 거쳐 남덕유산까지 기운차게 뻗은 백두대간의 산줄기도 손금처럼 훤히 보인다. 그뿐만이 아니다. 멀리 동남쪽으로 시선을 돌리면 지리산, 가야산, 황매산, 기백산, 적상산 등의 명산과 준봉들이 일망무제로 펼쳐진다. 마치 히말라야산맥 어느 산정에서 바라본 조망처럼 장대하고 호방하다. 사방팔방으로 뻗은 산맥 위로 해가 뜨고 지는 광경 또한 장려하기 그지없다.

무주구천동에서 덕유산 향적봉까지의 등산코스는 의외로 짧은 편이다. 삼

◀ 만발한 눈꽃이 새파란 하늘빛과 대조를 이뤄 더욱 눈부시다.
▶ 향적봉에서 중봉, 무룡산 등을 거쳐 남덕유산까지 기운차게 뻗은 백두대간의 산줄기. 구상나무 고사목에 눈꽃이 피었다.

공리 매표소에서 산책로 같은 계곡길을 1시간 30분쯤 걸으면 백련사에 닿고, 백련사에서 제법 가파른 비탈길을 다시 1시간 30분가량 걸으면 향적봉에 이른다.

10여 년 전 어느 겨울날에 막역한 벗과 함께 백련사 코스로 야간산행을 한 적이 있었다. 등산로의 경사가 제법 급한 데다 함박눈까지 쏟아지는 밤길이라 좀체 이수里數가 붙지 않았다. 결국 백련사를 출발한 지 3시간이 넘어서야 향적봉대피소에 도착했다. 몸은 물에 젖은 솜처럼 무겁고 뻐근했지만, 기분은 그렇게 상쾌할 수가 없었다. 더군다나 함박눈이 헤드랜턴 불빛에 봄날의 꽃잎처럼 흩날리던 광경은 지금도 떠올릴 적마다 가슴이 두근거릴 만큼 인상적이었다. 이제는 그때처럼 힘겨운 산행을 않고서도 덕유산 설화를 구경할 수 있다. 무주리조트의 곤돌라에 몸을 실으면 10여 분 만에 설천봉(1530m)에 당도한다. 여기서부터 시작되는 눈꽃터널을 20분만 걸으면 향적봉 정상이다. 하지만 그렇게 편안한 산행에서는 아무래도 겨울산행의 진수를 실감하기 어렵다. 그러니 체력에 어느 정도 자신이 있고 일정에 여유가 있거든, 무주구천동의 백련사 쪽으로 땀 흘려 올라보기를 권한다.

숙박

구천동 상가단지에는 반딧불이펜션(322-1120), 민들레울펜션(322-2222), 코리아하우스(322-0911), 신라모텔(322-3089) 등 숙박업소가 많다. 무주리조트 내에는 티롤호텔(320-7200)을 비롯해 콘도와 국민호텔 등이 들어서 있다. 무주리조트 입구에는 청운모텔(322-1040), 나오스펜션(322-4448), 빨간지붕펜션(322-8284), 로그

덕유산 자연휴양림의 통나무집

하우스(322-3355), 노블스키샵펜션(322-9067) 등이 있다. 무주리조트에서 자동차로 10여 분 거리인 무풍면 삼거리에는 독채형 통나무집으로 지어진 네버랜드펜션(322-8338)이 들어서 있다.

향적봉 정상에서 해돋이를 감상하려면 향적봉대피소(322-1614)에서 하룻밤을 묵는 게 좋다. 담요 등의 침구를 대여할 수 있고 라면, 통조림, 커피, 비스킷, 음료수 같은 간식거리도 구입할 수 있다. 1인당 이용료는 7,000원. 호젓한 숲속에서의 낭만적인 하룻밤을 꿈꾼다면 덕유산 자연휴양림(322-1097)을 이용해 볼 만하다. 산림청 직영휴양림답게 숲도 좋고 각종 편의시설도 완벽하게 갖춰져 있다. 특히 낙엽송 숲에 둘러싸인 통나무집이 인상적이다. 주말이나 성수기에는 인터넷(www.huyang.go.kr)으로 서둘러 예약해야 된다.

맛집

구천동 상가단지에는 산채요리 전문점들이 밀집해 있는데, 전주음식관(322-3264)이 추천할 만하다. 또 이곳 상가지구에 있는 원조할매보쌈(322-2188)은 소문난 보쌈전문점인데, 계란찜과 된장찌개를 비롯해 열댓 가지쯤 딸려 나오는 밑반찬도 맛깔스럽다. 무주리조트 입구와 삼공리 사이의 국도변에 자리한 왕돌회관(322-0977)은 흑돼지삼겹살 참나무구이와 쏘가리매운탕이 맛있는 집이다.

가는 길

중부고속도로(대전통영고속도로) 무주IC(19번 국도) ▶▶ 사산 삼거리(좌회전, 49번 지방도) ▶▶ 구천동터널 ▶▶ 배방 교차로(우회전, 30번 국도) ▶▶ 리조트 삼거리(우회전) ▶▶ 무주리조트 ▶▶ 덕유산

문경새재 제1관문인 주흘관의 별밤. 맨 오른쪽에 산신당의 불빛도 보인다.

01

다섯째주

옛 선비의 과것길을 따라가는 시간 여행

문경 영남대로

때마침 눈까지 쌓인 겨울날에는 **한 폭의 동양화**보다
더 근사한 설경 속을 거닐 수 있다. 게다가 청아한
물소리와 새소리를 벗삼아 걷노라면, 길지 않은
그 길이 오히려 아쉽기만 하다.

영남의 관문, 경북 문경 땅에는 수백 년 이상의 내력을 간직한 옛길이 지금도 여러 곳 남아 있다. 긴 세월 동안 수많은 사람과 물산이 왕래하던 길은 단순한 교통로가 아니다. 그 자체만으로도 거대한 역사 유적이다. 매화꽃처럼 탐스러운 눈송이가 흩날리는 겨울날, 이제 역사로 남은 문경의 옛 영남대로를 찬찬히 걸어보자.

문경의 옛길 가운데 가장 널리 알려진 것은 새재鳥嶺이다. 이 문경새재는 조선시대에 한양과 영남지방을 잇는 가장 중요한 길목이었다. 특히 경상도의 선비들은 추풍령을 넘으면 추풍낙엽처럼 떨어지고, 죽령을 넘어가면 죽죽 미끄러진다 해서, '기쁜 소식을 듣는다聞慶'는 문경새재를 일부러 넘어서 과것길에 올랐다. 일제시대에 이화령을 넘는 신작로가 개설된 뒤로 문경새재는 영남대로의 가장 중요한 길목이라는 역사적 소임을 마쳤다. 하지만 오늘날에도 문경새재는 우리나라의 옛길들 가운데 가장 아름답고 운치 있는 길로 꼽힌다. 또한 오랜 역사가 서려 있고, 옛길의 자연미도 빼어나서 답사여행을 겸한 트레킹코스로도 안성맞춤이다.

문경새재의 제1관문인 주흘관에서 제3관문 조령관까지는 약 6.5km의 흙길이 이어진다. 2시간 남짓 걸어야 되는 길이지만, 표고차가 약 300m에 불과할 만큼 경사가 완만해서 산보하듯 가볍게 걸을 수 있다. 도중에는 근래 세워진 KBS사극 촬영장뿐만 아니라 주흘관, 조령원터, 주막, 교구정, 조곡관(제2관문), 이진터, 산신당 등 조선시대의 다양한 유적도 만날 수 있어 의외로 지루하지는 않다. 때마침 눈까지 쌓인 겨울날에는 한 폭의 동양화보다 더 근사한 설경 속을 거닐 수 있다. 게다가 청아한 물소리와 새소리를 벗삼아 걷노라면, 길지 않은 그 길이 오히려 아쉽기만 하다.

문경시 마성면 신현리의 진남교반 부근에 있는 토끼벼루 길도 새재 못지않게 멋스러운 옛길이다. 진남교반은 일제 때에 영남 제1경으로도 꼽혔던 절경인데, 이 일대가 한눈에 들어오는 산등성이에는 최근 복원된 고모산성이 띠처럼 둘러져 있다. 이 산성의 남문인 진남문 밑으로는 옛 영남대로가 지나고, 익성(翼城, 새 날개 모양으로 길게 뻗은 성벽) 끄트머리에는 토끼벼루 길이 있다.

　관갑천, 토천, 토끼비리 등으로도 불리는 토끼벼루 길은 똑바로 서 있기조차 힘겨울 만큼 가파른 벼랑을 가로지르는 옛길이다. 강물이 굽이치고 산자락이 우뚝한 지형적 특성으로 인해 다른 길을 낼 방도가 없었던 듯싶다. 그런데도 이처럼 좁고 위험한 길이 옛 영남대로의 한 구간이었다는 사실은 의아스럽고도 놀랍다.

　토끼벼루 길에는 놀라운 것이 또 하나 있다. 바위에 남아 있는 옛 사람들의 발자국이 그것이다. 단단한 바위 표면에 석공이 정으로 쪼아 다듬은 듯한 발자국들이 여기저기 움푹 패여 있다. 달리 발 디딜 데조차 없을 만큼 길이 좁아서 한곳만 집중적으로 딛을 수밖에 없었고, 마침내 공룡 발자국화석처럼 또렷한 옛 발자국이 오늘날까지 남게 되었다. 그 발자국을 바라보고 있노라면, 사람들뿐만 아니라 소나 말조차도 가슴 졸이며 지났을 이 길의 옛 풍경이 마치 영화처럼 눈앞에 펼쳐진다.

◀ 문경새재의 제3관문인 조령관 주변의 설경. 백두대간의 능선에 자리잡은 이 관문이 충청도와 경상도의 경계를 이룬다.
▶ 토끼벼루 길의 바위에 또렷이 새겨진 옛사람들의 발자국

🧳 숙박

문경새재 입구에는 문경관광호텔(571-8001), 문경새재파크(571-6069), 새재유스호스텔
(571-5533) 등이 있다. 진남교반 부근에는 유럽풍의 목조펜션 '강이 있는 풍경'(572-3375)
이 자리잡고 있다. 문경읍 외곽의 문경온천단지 내에는 썬(571-0235), 나이스(571-2121),
M빌리지(572-2428) 등의 모텔급 숙박업소가 밀집해 있다. 지하 900m에서 끌어올린 칼
슘·중탄산온천탕과 지하 750m의 화강암층에서 솟아난다는 알칼리성 온천탕이 있는 문
경종합온천(571-2002)에서는 따뜻한 온천욕을 즐기며 심신의 여독을 풀기에 좋다.

🍴 맛집

문경 시내의 약돌샤브샤브 점촌점(556-7192)은 약돌
(거정석)을 첨가한 사료를 먹여서 돼지 특유의 잡내
를 없앴다는 약돌돼지요리 전문점인데, 약돌돼지에
각종 한약재를 넣고 쪄낸 약돌한방건강찜 맛이 일
품이다. 문경새재 상가단지 내의 소문난식당(572-
2255)은 뜨끈한 조밥에다 채를 친 도토리묵이나 청
포묵과 갖은 나물을 넣고 비벼 먹는 묵조밥으로 이

약돌샤브샤브 점촌점의 약돌돼지요리

름난 맛집이다. 그리고 근처의 새재초곡관식당(571-2020)은 약돌돼지구이, 새재할매집
(571-5600)은 버섯전골이 맛있다.

📷 축제

문경새재 과겻길 달빛사랑 여행 5~10월 사이에 매달 1회씩 음력 보름날과 가장 가까운 주말
에 열리는 문화축제. 달빛 아래 문경새재 옛길을 걸으며 장승에 소원 빌기, 보물찾기, 짚
신 신고 옛길 걷기, 주먹밥 만들어 먹기, 호롱불 밑에서 편지 쓰기 등의 독특한 프로그램
을 즐긴다. 바이올린 연주, 다듬질 소리, 통기타 연주 등의 공연행사도 있다.

■ 문의 · 문경시청 문화관광과(550-6393)

🚗 가는 길

중부내륙고속도로 문경새재IC(3번 국도) ▶▶ 문경새재 ▶▶ 문경도자기전시관 ▶▶ 문경온천

고불총림 백양사의 한겨울 풍경. 대웅전 뒤편에 백암산 백학봉이 우뚝 솟아 있다.

02

고승대덕을 닮은 겨울 산사

장성 백양사

함박눈이 펑펑 내린 뒤의 백양사와 무르익은 가을날의 **백양사**는
마치 딴 세상 같다. **눈에 들어오는 풍경**도, 마음으로 느껴지는 정취도
사뭇 다르다. 가을날의 그곳이 녹의홍상 입고 연지곤지 찍은 아낙네라면,
눈 쌓인 백양사는 가사, 장삼을 차려입은 **고승대덕**을 닮았다

장성 백양사를 껴안은 백암산(741m)은 남도 제일의 단풍 명소이다. 해마다 10월 하순에서 11월 초순 사이에 온 산자락은 시뻘건 단풍 불에 휩싸이곤 한다. 그맘때쯤 울긋불긋한 것은 절정의 단풍만이 아니다. 연일 인산인해를 이루는 관광객들의 옷차림도 현란하기 그지없다. 사람들이 많다보니 인파에 휩쓸리고 사람에 치여서 천년고찰 백양사를 구경하는 일조차 쉽지 않다. 그래서 단풍철에 이 절집을 둘러본 사람들의 상당수는 그곳의 그윽한 운치와 예스러운 멋을 기억하는 이가 별로 없다.

함박눈이 펑펑 내린 뒤의 백양사와 무르익은 가을날의 백양사는 마치 딴 세상 같다. 눈에 들어오는 풍경도, 마음으로 느껴지는 정취도 사뭇 다르다. 가을날의 그곳이 녹의홍상 입고 연지곤지 찍은 아낙네라면, 눈 쌓인 백양사는 가사, 장삼을 차려입은 고승대덕을 닮았다. 눈 내린 날에는 관광객의 발길도 뜸해서 산사 특유의 고즈넉함이 마음을 평안하게 해준다. 마음이 편안하면 사람들의 발길도 느즈러지고, 주변 풍광을 살펴보는 눈길조차 느긋해지기 마련이다.

백양사는 숲이 좋다. 굴참나무, 은행나무, 단풍나무 등의 아름드리 활엽수가 많아서 사시사철 다채로운 풍광이 연출된다. 봄의 신록이나 여름의 녹음, 가을의 단풍도 일품이지만, 눈 내린 겨울철에 나뭇가지마다 핀 눈꽃도 매우 인상적이다. 절 초입의 굴참나무 숲길은 물길과 나란히 이어지는데, 그 길의 끝에서는 물줄기도 바쁜 흐름을 멈춘 채 잠시 쉬어간다. 자연석으로 계곡을 막아 조성한 연못 덕택이다.

고요한 연못은 철따라 달라지는 산영山影을 고스란히 담아낸다. 하지만 엄동설한에는 작은 설원으로 탈바꿈한다. 백양사 누각의 백미로 꼽히는 쌍계루도 이 연못가에 세워져 있다. 쌍계루의 용마루 위에는 백학봉(722m)이 우뚝하다. 학이 날개를 펴고 있는 듯한 형상의 백학봉은 백암산의 대표적인 암봉

◀ 백학봉 아래의 연못가에 날아갈 듯한 자태로 서 있는 쌍계루
▶ 백양사 대웅전의 천장에 달아놓은 조각상. 흰 학을 타고 피리를 부는 신선을 형상화했다.

인데, 육당 최남선도 "흰 맛, 날카로운 맛, 맑은 맛, 신령스런 맛이 있다"며 극찬했다.

백양사는 백제 무왕 33년(632)에 창건되었다. 본래 백암사라 불리다가 조선 선조 때에 '하얀 양白羊'이 산에서 내려왔다고 해서 백양사로 바뀌었다. 오늘날 조계종 제18교구의 본사인 백양사는 불교의 3대 교육기관, 즉 강원, 선원, 율원(염불당)을 모두 갖춘 총림이다. '고불총림古佛叢林' 백양사는 우리나라 5대 총림의 한 곳답게 각진국사, 만암대종사, 서옹 종정 등 이름난 고승들을 배출했다. 부속암자도 운문암, 청류암, 천진암 등 10여 개에 이른다.

그러나 백양사는 의외로 수수하고 아담하다. 남도에서는 송광사에 버금가는 대찰이지만, 큰법당(대웅전)조차도 위압감이나 화려함보다는 소박함이 더 두드러져 보인다. 경내에는 대웅전을 비롯해 명부전, 극락보전, 진영각, 칠성각, 우화루 등의 전각들이 촘촘히 들어서 있다. 대부분 선도량禪道場이라 속인들은 함부로 드나들 수가 없다.

백양사의 가람 배치에서 가장 특이한 것은 대웅전이 입구 정면에 있지 않다는 점이다. 입구를 지나 오른쪽으로 고개를 돌려야 대웅전이 눈에 들어온다. 우람한 백학봉이 대웅전 뒤로 기운차게 솟아 있다. 산의 정기를 받기 위한 배치인 듯싶다.

대웅전 처마 아래에 서 있으니, 독경 소리보다 새소리가 더 낭랑하다. 폭설로 먹이를 구하기 어려워진 산새들이 절집 안으로 날아들기 때문이다. 삶이 고단해질 때마다 부처의 원력願力과 가피(加被, 보살핌)를 기대하는 심경은 사람이나 짐승이나 매한가지인 듯하다.

여행 정보 (지역번호 061)

🧳 숙 박

백양사 입구의 숙박업소로는 백양관광호텔(392-2114)이 가장 규모가 크고 시설이 좋다. 그 밖에 그린하우스모텔(392-6005), 백운각모텔(392-7531), 백양산장(392-7500), 은혜파크(392-7200) 등이 있다. 백양사 입구의 민박집들 가운데 백암산민박(392-6315), 숲속민박(392-7202), 산장민박(392-7740)은 전남도청에서 운영하는 사이트 '남도민박'의 베스트업소로 선정되었다.

🍴 맛 집

백양사 입구의 상가지구에는 산채전문점이 즐비하다. 그중 나주식당(392-7608)과 정읍식당(392-7427)이 추천할 만하다. 1만 2000원짜리 특정식을 시키면 더덕구이, 도라지, 고사리, 표고버섯, 느타리버섯, 취나물, 두릅, 죽순, 돌나물, 도토리묵 등의 산나물과 쑥된장국, 홍어회, 낙지볶음, 조기구이, 감장아찌, 낙지데침, 계란

나주식당의 산채 특정식

찜, 해물파전 등을 포함해 30~40가지나 되는 밑반찬을 한 상 가득하게 차려내는 집들이다. '미향味鄕' 남도의 음식점답게 양과 질 모두 만족스럽다. 그 밖에 토종닭백숙, 오리전골, 버섯탕, 된장찌개, 돌솥비빔밥 등의 메뉴도 준비되어 있다.

🚗 가 는 길

호남고속도로 백양사IC(1번 국도) ▶▶ 북이면 소재지 ▶▶ 북하면 소재지(좌회전) ▶▶ 백양사

'기와집몰랑'에서 바라본 수월봉과 신선바위.
뒤쪽으로 서도의 맨 남쪽에 자리한 거문도 등대가 또렷하게 보인다.

동백꽃, 수선화 만발하는 남도의 '꽃섬'

여수 거문도

길가 양옆과 머리 위쪽에는 앞다투어 피어난 **동백꽃**이 온통 핏빛이고,
길바닥엔 통째로 낙화한 동백꽃이 발 디딜 틈도 없이 나뒹군다.
이따금씩 산허리를 가쁘게 돌아가고, 때로는 아득한 벼랑 위에
우뚝 올라서는 **숲길의 율동감** 또한 아주 경쾌하다.

거문도는 참으로 멀고 아득한 섬이다. 하지만 섬뜩하리 만치 아리따운 거문도의 동백꽃을 보면 천 리 길의 다리품도 아깝지 않다는 생각이 든다. 특히 거문도 등대 초입의 동백숲은 거제 지심도의 동백숲과 쌍벽을 이룰 만큼 울창하고 운치 좋다.

거문도 등대는 1905년 4월 우리나라에서 최초로 등댓불을 밝힌 등대이다. 거문도 수월산(196m)의 남쪽 끄트머리에 자리잡고 있다. 2005년 말에는 기존 등대보다 훨씬 더 크고 밝은 새 등대가 완공될 예정이다. 거문도 등대로 가려면 찻길이 끝나는 곳에서부터 약 1.6km의 숲길을 걸어가야 되는데, 이 길이 바로 우리나라에서 가장 아름답고 울창한 동백꽃길이다.

길가 양옆과 머리 위쪽에는 앞다투어 피어난 동백꽃이 온통 핏빛이고, 길바닥엔 통째로 낙화한 동백꽃이 발 디딜 틈도 없이 나뒹군다. 이따금씩 산허리를 가쁘게 돌아가고, 때로는 아득한 벼랑 위에 우뚝 올라서는 숲길의 율동감 또한 아주 경쾌하다.

서도의 보로봉(전수월산) 트레킹코스도 꼭 한번 걸어볼 만하다. 덕촌마을회관에서 KBS 송신탑→불탄봉→억새밭→동백터널→기와집몰랑→신선바위→보로봉 등을 거쳐 목넘어로 하산하는 코스이다. 기암괴석과 해안 절경이 한눈에 들어오고, 동백꽃과 수선화가 흐드러지게 핀 능선에만 올라서면 저절로 콧노래와 탄성이 나올 정도로 편안하고 아름다운 길이다. 전체 코스는 4시간쯤 걸리지만 사정에 따라 유림해수욕장에서 곧장 오르는 2시간 코스를 선택할 수도 있다.

거문도는 행정구역상으로 전남 여수시 삼산

거문도 등대 초입의 울창한 동백숲길

아득한 심연 위로 불끈 치솟은 백도의 기암절벽

면에 속한다. 흔히들 거문도라는 섬 하나가 있는 줄로 알지만 실은 동도, 서도, 고도 등 세 섬을 아우르는 지명이다. 그래서 오랫동안 '삼도三島'로도 불렸다. 고도와 서도는 삼호교라는 연도교로 이어져 있고, 동도와 서도 사이에 위치한 고도는 여수시 삼산면의 행정중심지이다. 고도의 거문항은 조선 말에 이른바 '거문도사건'을 일으킨 영국군이 대규모 요새와 군항을 구축했던 역사의 현장이다. 오늘날에도 면사무소, 파출소, 우체국, 여객선터미널, 수협 등의 공공기관과 여관, 식당, 슈퍼, 유흥주점 등이 몰려 있어 원도遠島의 항구답지 않게 번잡하다. 그래도 저녁 9시만 되면 거리에는 인적이 뚝 끊기고, 포구에 정박한 고깃배들만이 희미한 가로등 아래 밤새도록 흐느적거린다. 거문도에서 하룻밤을 묵는다면 포구의 한적한 밤 풍경도 들여다볼 만하다.

고도의 거문항에서 동쪽으로 70리쯤 떨어진 바다에는 거문도의 대표적인 절경으로 꼽히는 백도가 있다. 망망한 쪽빛 바다 위에 점점이 뿌려진 36개의 바위섬으로 이루어진 섬이다. 사람이 살지 않는 무인도라서 지금도 원시적인 자연미가 고스란히 간직되어 있다. 백도는 다시 상백도와 하백도로 나뉘는데 끝모를 심연 위로 솟구쳐 오른 바위섬들마다 매바위, 병풍바위, 각시바위, 곰바위 등으로 명명된 천태만상의 기암괴석이 즐비하다. 또한 규모가 큰 바위섬의 위쪽에는 갖가지의 상록수들이 자라고 있어 한겨울에도 싱그러운 초록빛을 띤다.

여행 정보 _(지역번호 061)

숙박

거문도의 숙박시설은 대부분 고도에 몰려 있다. 거문장(666-8052), 백도장(666-8150), 뉴백도장(666-1874) 등의 여관과 섬마을횟집민박(666-8111), 하얀장(666-8054)을 비롯한 민박집이 많다. 숙박료(2인 기본)는 2만 5000원(민박)~3만 원(여관) 선.

맛집

거문항 주변에 백도횟집(666-8017), 산호횟집(665-5802), 매일횟집(666-8478) 등이 밀집해 있다. 주로 갈치, 돔 등의 생선회뿐만 아니라 매운탕, 김치찌개, 백반, 갈치구이정식 등을 내놓는다. 갈치잡이철에는 은갈치회도 별미이다.

가 는 길

여수↔거문도 가고오고호(663-2191), 거문도사랑(662-1144), 페가서스호(고흥 나로도항 경유, 663-2191) 등의 쾌속선이 하루 4회 왕복운항. 소요시간(편도)은 약 2시간.

녹동(고흥)↔거문도 청해진해운(844-2700)의 오가고호가 하루 2회 왕복. 소요시간은 1시간.

거문도↔백도 거문항에서 온바다(666-8215)와 청해진해운(666-2801)의 쾌속유람선 2척이 비정기적으로 운항. 소요시간은 약 2시간 30분.

거문도 내의 교통편 거문도 택시(기사 휴대폰 : 017-608-1681) 소속의 승합차형 택시를 이용하거나 걸어 다녀야 한다.

추천 여행사 거문도관광여행사는 거문도 토박이인 박춘길 씨가 운영하는 거문도 전문여행사이다. 거문도와 여수뿐만 아니라 보성, 남해, 하동, 구례, 남원 등지의 남해안과 지리산 권역을 연계한 1박 2일~3박 4일 일정의 다양한 패키지상품을 선보이고 있다. 이 회사의 홈페이지에 들어가면 여객선과 숙박업소를 무료로 예약할 수 있고, 거문도에 대한 여행 정보도 상세하게 얻을 수 있다. 여수여객선터미널 내에 사무실이 있다.

■ 문의 · 080-665-4477, www.geomundo.or.kr

군산시 나포면 서포리의 십자들녘에 떼 지어 내려앉은 기러기 떼

02

셋째 주

천 리 물길의 종점에 자리한 겨울 철새들의 낙원

군산 금강하구

금강하구는 북상하거나 남하하는 **가창오리 떼**가 잠시 쉬어 가는
휴게소인 셈이다. 이 가창오리는 대개 수만에서 수십만 마리씩 떼를 지어
머물거나 이동하는데, 아침저녁에는 노을 진 하늘을 무대 삼아
한바탕 **현란한 군무**를 펼치곤 한다.

장수 수분리에서 시작된 금강의 물길은 장장 천 리를 굽이굽이 흘러 서해바다에 안긴다. 강과 바다가 하나 되는 하구에서는 물의 흐름이 감지되지 않는다. 1990년에 완공된 금강하구둑이 강물의 도도한 흐름을 가로막은 탓이다. 이제 강은 거대한 호수로 변했고, 무성한 갈대밭에 에워싸인 호수는 겨울 철새들의 낙원이 되었다.

현재 금강하구에서 겨울을 나는 철새는 청둥오리, 흰죽지, 기러기, 고방오리, 쇠오리, 가창오리, 고니, 개리 등 40여 종에 70여만 마리를 헤아린다. 그리고 봄가을이면 나그네새인 도요새가 떼 지어 날아들고, 금강하구 앞바다의 유부도에는 지구상에 약 3000마리밖에 남지 않은 검은머리갈매기와 검은머리물떼새(천연기념물 제326호)가 집단으로 서식하고 있다.

금강하구에서는 대체로 11월부터 겨울 철새들이 관찰되기 시작하여, 이듬해 1월이 되면 그 수가 최대에 이른다. 논산 강경읍의 황산대교 아래서부터 금강하구둑에 이르기까지 30여km의 물길을 따라가노라면 주변 갈대밭과 농경지마다 수십 수백 마리씩 모여 있는 새들이 눈에 띈다. 하지만 금강하구의 담수호는 전북 군산과 익산, 충남 서천과 논산에 걸쳐 있을 정도로 수면 면적이 넓어서 가까이에서 새들을 관찰하기가 쉽지 않다. 하지만 '탐조포인트'를 미리 알고 찾아가면 불필요한 다리품을 줄일 수 있다.

예컨대 군산시 나포면 십자들녘에서는 수백 수천 마리씩 떼 지어 내려앉아 먹이를 찾는 기러기를 쉽게 찾아볼 수 있고, 서천군 마서면 도삼리 철새 탐조대 주변의 갈대밭에서는 고니(천연기념물 제201호)와 청둥오리가 흔히 눈에 띈다. 그리고 십자들녘 부근의 강둑에 올라서면, 대규모 이동중에 잠깐 쉬어 가는 수십만 마리의 가창오리 떼도 볼 수가 있다.

수컷의 머리에 선명한 태극 무늬가 있어서 태극오리, 반달오리라고도 불리는 가창오리는 세계적으로도 20~30만 마리밖에 남아 있지 않은 국제보호종

◀ 서해안고속도로 금강대교 부근의 호수와 하늘을 시꺼멓게 뒤덮은 가창오리 떼
▶ 꽁꽁 얼어붙은 금강하구 담수호에서 노니는 고니 가족. 서천군 화양면 망월리에서 찍었다.

이다. 주로 시베리아의 우수리 지방에서 번식하다가 찬바람이 불기 시작할 즈음에 우리나라로 날아들어 겨울을 난다. 처음에는 주로 서산 천수만의 담수호에 머물며 지내다가 날씨가 부쩍 차가워지는 12월부터 금강하구를 거쳐 해남 고천암호와 영암호로 이동한다. 금강하구는 북상하거나 남하하는 가창오리 떼가 잠시 쉬어 가는 휴게소인 셈이다. 이 가창오리는 대개 수만에서 수십만 마리씩 떼를 지어 머물거나 이동하는데, 아침저녁에는 노을 진 하늘을 무대 삼아 한바탕 현란한 군무를 펼치곤 한다.

서해안고속도로가 개통된 뒤로는 금강하구로의 탐조여행이 한결 수월해졌다. 군산IC에서 자동차로 약 5분 거리에 기러기들의 쉼터인 십자들녘이 있다. 또한 호수 양쪽에는 찻길이 잘 닦여 있어서 철새들을 찾아 이동하기도 편리하다. 맑고도 차가운 겨울 하늘을 자유로이 비행하는 새들을 바라보고 있노라면, "살아 숨쉬는 자연만큼 감동적이며 경이로운 것은 없다"는 사실을 저절로 깨닫게 된다.

숙박

금강하구둑 근처의 군산시 성산면 성덕리에는 워커힐호텔(453-0005)이 있다. 금강하구둑과 장항읍 일대의 풍광이 한눈에 들어올 만큼 전망이 탁월하고, 강물을 붉게 물들이는 일몰의 장관도 감상할 수 있다. 서천군의 금강하구둑 주변에는 비치하우스(041-956-3230), 금강장(041-951-8128), 나폴리장(041-951-4222) 등의 모텔이 있다.

맛집

군산시 개정면 아동리의 29번 국도변에 자리한 계곡가든(453-0608)은 꽃게장을 아주 잘하는 집이다. 이 집의 게장은 꽃게가 싱싱하면서도 비릿하지 않고, 간장이 짜지 않으면서도 꽃게에는 간장 맛이 고스란히 배어 있다. 우편주문판매제를 이용해 구입할 수도 있다. 그 밖에 금강하구둑 부근의 성산면 성덕리에 자리한 유성가든(453-6670)은 꽃게장을 잘하는 집이다.

계곡가든의 꽃게장

가는 길

서해안고속도로 군산IC(706번 지방도) ▶▶ 나포면 서포리 십자들녘 ▶▶ 금강철새조망대 ▶▶ 금강하구둑

추가정보

금강의 철새와 생태환경, 탐조여행 등에 관해 자세한 정보를 얻고 싶으면 '금강생태관광종합정보시스템'(www.gunsaneco.net) 을 참고하는 것이 좋겠다. 2003년 10월에는 금강하구 일대의 철새도래지가 한눈에 들어오는 군산시 성산면 성덕리의 야산 중턱에 금강철새조망대(453-7213)가 준공되었다. 군산시에서 총면적 1157평, 지하 1층, 지상 11층 규모로 건립한 이곳에는 학습실, 강의실, 자료실, 상설전시실, 휴게실, 매점, 회전레스토랑 등의 각종 편의시설뿐만 아니라 남산의 서울타워 같은 회전전망대가 설치되어 있다. 덕택에 금강하구를 찾은 탐조객들은 편안하게 휴식을 취하면서 금강하구의 철새와 자연생태를 한눈에 볼 수 있게 되었다. 하지만 새들에게는 대단히 위협적인 건물이다.

보길도 예송리의 갯돌해변에서
맞이한 해돋이. 완도팔경의
하나로 꼽힐 만큼 아름답다.

고산의 자취가 뚜렷이
남아 있는 부용동에는
갖가지 꽃들이 철 따라 피고
진다. 봄에는 동백과 진달래,
여름에는 연꽃,
가을에는 들국화와 억새 등이
발길 닿는 곳마다
탐스럽게 피어 있다.

붉은 동백꽃 만발한 고산 윤선도의 낙원

완도 보길도

그곳의 사자봉에 올라서면 점점이 떠 있는 다도해의 여러 섬들이 아스라이 시야에 들어온다. 고산 윤선도의 영원한 낙원, 보길도도 그 섬들 가운데 하나이다. 땅끝에서 보길도까지는 뱃길로 1시간쯤 걸린다. 하지만 풍광 좋은 다도해를 헤쳐가는 뱃길이라, 실제 거리보다는 훨씬 더 짧게 느껴진다.

완도군에 속하는 보길도는 해안선의 길이가 41km에 면적이 33km²가량 된다. 별로 크지도 작지도 않은 이 섬이 오늘날 유명해진 것은 순전히 고산 윤선도(1587~1671) 덕분이다.

51세 때인 조선 인조 15년(1637)에 보길도 부용동芙蓉洞에 정착한 고산은 온갖 정성을 들여 자신만의 낙원을 건설했다. 부용동 낙서재에서 85세를 일기로 숨을 거둘 때까지 세연정, 동천석실, 곡수당, 무민당, 정성암 등 모두 25채의 건물과 정자를 지었다. 특히 부용동 초입의 세연정을 꾸미는 일에 심혈을 기울였다. 즉 '판석보'라는 굴뚝다리로 시냇물을 막아 두 개의 연못을 만들고, 연못 사이에는 세연정 등의 정자를 지어 다채로운 경관을 연출한 것이다.

고산이 죽은 뒤에 부용동 정원은 그의 서자와 후손들에 의해 관리되었으나 점차 황폐해졌다. 이후 약 300년 동안이나 잡초가 우거지고 주춧돌만 곳곳에 뒹구는 채로 방치되었다가 1993년에야 세연정과 동천석실이 복원되었다.

고산의 자취가 뚜렷이 남아 있는 부용동에는 갖가지 꽃들이 철 따라 피고 진다. 봄에는 동백과 진달래, 여름에는 연꽃, 가을에는 들국화와 억새 등이 발길 닿는 곳마다 탐스럽게 피어 있다. 가녀린 봄기운이 느껴지는 2월에도 꽃을

우리나라 원림의 백미라 일컬어지는 부용동의 세연정과 세연지

◀ 보옥리 보족산 아래의 공룡알 갯돌밭　▶ 동백꽃이 화사하게 핀 세연정의 맹춘 풍경

볼 수가 있는데, 낙서재 가는 길가에 무리 지어 자라는 동백은 이미 11월초부터 꽃망울을 터트리기 시작한다. 한겨울에 눈도 거의 오지 않고 바람도 잦아드는 곳이라, 이곳의 동백은 꽃의 빛깔이 유난히 붉고도 선명하다.

오늘날 보길도를 찾는 관광객들은 대부분 부용동의 세연정만 바삐 둘러본 뒤에 발길을 되돌린다. 하지만 세연정 일대가 한눈에 들어오는 옥소암과 부용동 골짜기가 시원스레 내려다보이는 동천석실에 오르지 않고서는 고산의 풍류를 실감할 수 없다.

보길도에서 하룻밤을 묵는다면 예송리에서 민박을 하는 게 좋다. 예송리는 이 섬에서 가장 큰 마을인데, 울창한 상록수림(천연기념물 제40호)과 자잘한 갯돌해변이 한데 어우러져 그림 같은 풍광을 자아낸다. 상록수림 울창한 이 해변에 앉아 파도와 갯돌이 자아내는 해조음을 듣노라면 그 옛날 고산이 즐기던 풍류가 부럽지 않다. 또한 이곳은 겨울철의 해돋이 명소로도 이름 나 있어 한겨울에도 외지인들의 발길이 끊이질 않는다.

예송리해변과 정반대편에 위치한 보옥리의 보족산 아래에도 아름다운 갯돌밭이 있다. 갯돌이 마치 공룡의 알처럼 거대해서 '공룡알 갯돌밭'이라 부르는데, 해질녘에 온 바다와 하늘을 붉게 물들이는 낙조도 아름다운 곳이다.

숙박

중리해수욕장의 솔밭펜션(552-2990, www.solbatcondo.co.kr)는 바다가 한눈에 들어오는 솔밭에 자리잡은 콘도형 민박집이다. 전복 양식장을 운영하는 주인에게 부탁하면 각종 전복 요리도 맛볼 수 있다. 청별선착장의 세연정모텔(553-6782), 보길도의 아침(554-1199), 바위섬(555-5612)은 비교적 최근에 문을 열어 시설도 깔끔한 데다가 1층에 식당을 직영하고 있어 숙식을 한자리에서 해결할 수 있다. 세연정 근처에 자리한 백록당(553-6321)과 청기와(553-6303)는 인심 좋고 운치 그윽한 민박집이다.

맛집

예송리의 선숙이네횟집민박(553-7176)은 어부인 주인아저씨가 직접 잡아온 활어를 사용하기 때문에 비교적 저렴하게 자연산 생선회를 맛볼 수 있다. 세연정 부근의 어부사시사민박식당(된장찌개, 553-5019)과 동천다려(전통찻집, 554-0868), 청별선착장의 보길도 아가씨횟집(생선회, 555-2775), 통리해수욕장 부근의 부자네횟집민박(전복요리, 553-6276) 등도 추천할 만하다. 대부분의 민박집에서는 미리 부탁을 하면 식사(1인분에 5000원)를 차려준다.

가는 길

승용차 서해안고속도로 목포IC(2번 국도) ▶▶ 영산강하구언 ▶▶ 삼호조선소 입구(49번 지방도) ▶▶ 영암방조제 ▶▶ 상등리(18번 국도) ▶▶ 해남(13번 국도, 완도 방면) ▶▶ 현산 ▶▶ 송지 ▶▶ 땅끝(카페리 이용) ▶▶ 보길도

땅끝↔보길도 해광운수(535-5786)의 카페리가 땅끝마을 갈두선착장과 보길도 청별선착장 사이를 하루 8회(비수기)~22회(성수기)씩 왕복운항. 편도운항 소요시간은 약 1시간이며, 차량(승용차 편도운임 2만 원)도 함께 실을 수 있다. 완도 화홍포항(555-1010)에서도 보길도행 철부선이 수시로 운항한다.

땅끝↔보길도 간을 운항하는 장보고호

현지교통 보길버스(553-7077)가 청별선착장에서 수시로 출발. 사전에 정확한 운행시간을 알아보는 게 좋다. 그리고 보길택시(553-8876) 소속의 영업용과 개인택시(553-6262, 6353)도 있는데, 요금은 구간별 정액제이다.

1년 52주 고민 없이 떠나는

똑똑한 여행책

초판 1쇄 발행 2006년 1월 2일   초판 4쇄 발행 2006년 4월 3일

지은이 양영훈   펴낸이 김태영

기획편집 1분사_ 편집장 박선영   **책임편집** 최혜진
1팀_양은하 이효선 도은주 성화현   2팀_오유미 가정실   3팀_최혜진 정지연 한수미
디자인_김정숙 하은혜 차기윤

상무 신화섭   **컨텐츠 기획** 노진선미 이유정 이화진   **제작** 이재승 송현주
마케팅 신민식 정덕식 권대관 송재광 임태순 박신용 김형준   **영업관리** 이재희 김은실
인터넷 사업 정은선 김미애 왕인정   **홍보** 김현종 허형식   **광고** 김정민 이세윤 임효구 임동현
경영지원 하인숙 김범수 봉소아 김성자 최준용   **인사교육** 송진혁

펴낸곳 (주)위즈덤하우스   **출판등록** 2000년 5월 23일 제13-1071호
주소 서울시 마포구 도화 1동 22번지 창강빌딩 15층   **전화** 704-3861   **팩스** 704-3891
전자우편 yedam1@wisdomhouse.co.kr   **홈페이지** www.yedamco.co.kr
출력 엔터   **종이** 화인페이퍼   **인쇄·제본** (주)현문

값 11,000원   ⓒ 양영훈, 2005 ISBN 89-956156-5-6 13980
* 잘못된 책은 바꿔드립니다.

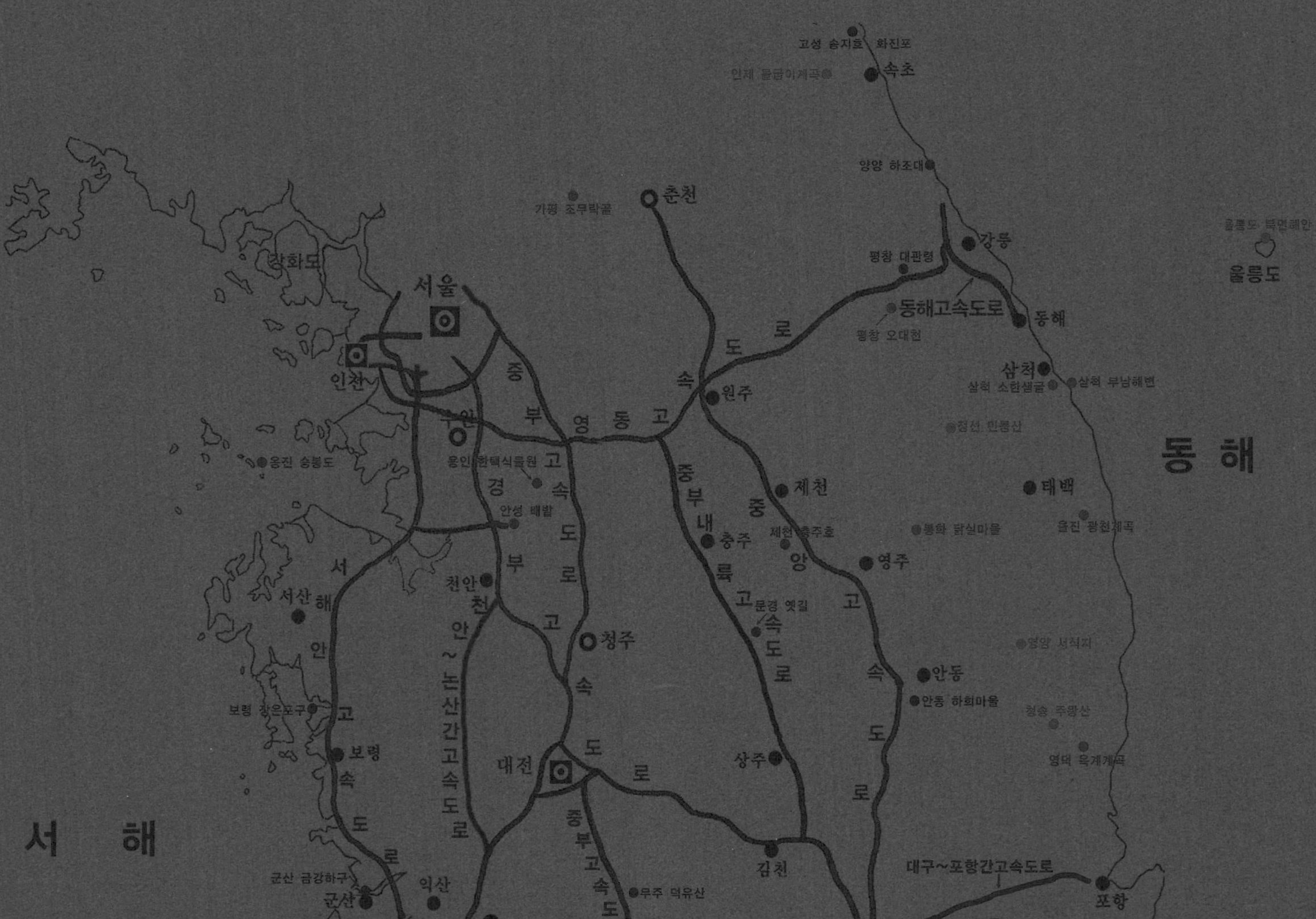
동 해
서 해
고성 송지호 화진포
인제 물굽이계곡
속초
양양 하조대
춘천
가평 조무락골
강릉
평창 대관령
동해고속도로
평창 오대천
동해
울릉도 북면해안
울릉도
장화도
서울
인천
옹진 승봉도
용인 한택식물원
안성 배밭
천안
서산 해
보령 장은포구
보령
군산 금강하구
군산
익산
중부고속도로
영동고속도로
속
도
로
원주
제천
충주
제천 충주호
청주
대전
중부고속도로
안~논산간고속도로
중부고속도로
중부내륙고속도로
문경 옛길
속
도
로
상주
김천
삼척
삼척 소한생굴
삼척 부남해변
정선 만룡산
태백
봉화 닭실마을
울진 왕천계곡
영주
영양 서석지
안동
안동 하회마을
청송 주왕산
영덕 옥계계곡
속
도
로
대구~포항간고속도로
포항

중부내륙고속도로
중부고속도로
해 고 속 도 로
속 ●장성 백양사
고한 의신농장
영광 붉수해안도로
함평 용천사
도
로
광주
남원
구례 산수유마을
구례 사성암
함양 상림
창녕 관룡사
진주 남
하동 화개골
광양 섬진마을
부산 해운대~대변항
마산
창원
부산
순천 선암사
순천
순천만 갈대밭
남해 망운산
여수
남해도
영
거제
거제 지심도
통영 신양활주도로
통영 옥지도
완도
진도
해남 땅끝
진도 관매도
완도 보길도
남 해
여수 거문도
제주
제주 복수초
제주도
한라산 선작지왓
서귀포 돈내코계곡
남제주 대정들녘
서귀포